U0271969

农作物优异种质资源与典型事例

——四川、陕西卷

胡小荣　高爱农　魏利青　方　沩　主编

中国农业科学技术出版社

图书在版编目（CIP）数据

农作物优异种质资源与典型事例. 四川、陕西卷 / 胡小荣等主编. --北京：
中国农业科学技术出版社，2021. 10
ISBN 978-7-5116-5376-5

Ⅰ. ①农… Ⅱ. ①胡… Ⅲ. ①作物—种质资源—资源调查—四川 ②作
物—种质资源—资源调查—陕西 Ⅳ. ①S329.2

中国版本图书馆 CIP 数据核字（2021）第 121366 号

责任编辑　崔改泵
责任校对　马广洋
责任印制　姜义伟　王思文

出 版 者　中国农业科学技术出版社
　　　　　北京市中关村南大街12号　　邮编：100081
电　　话　（010）82109194（出版中心）　（010）82109702（发行部）
　　　　　（010）82109709（读者服务部）
传　　真　（010）82106650
网　　址　http: // www.CASTP.cn
经 销 者　各地新华书店
印 刷 者　北京地大彩印有限公司
开　　本　185 mm×260 mm　1/16
印　　张　10.5
字　　数　256千字
版　　次　2021年10月第1版　　2021年10月第1次印刷
定　　价　100.00元

《农作物优异种质资源与典型事例
——四川、陕西卷》

编委会

主　编　胡小荣　高爱农　魏利青　方　沩

副主编　赵伟娜　皮邦艳　张　慧

主要编写人员（以姓氏笔画为序）

四川省

王小萍　叶明瑛　叶鹏盛　成明元　任国莉　向云富　米　色

许文志　孙　洋　李志娟　李俊平　李朝应　杨　政　吴明凡

余桂容　宋海岩　张守驹　张其升　张明广　陈　勇　周　兵

项　超　徐　进　唐礼平　黄光弟　黄秋香　黄盖群　曾　伟

谢剑昭　赖　佳

陕西省

丁卫军　寸红刚　王　玮　王　超　王永福　王志成　王艳珍

王斯文　王聪武　邓丰产　白金峰　冯佰利　吉万全　伊清宏

刘五志　关长飞　孙丽丽　杜　欣　李　涛　吴常习　张　敏

张文学　张正茂　张俊杰　张栓文　张恩慧　张耀元　苗含笑

林益达　段岁芳　赵继新　南家寨　高　飞　梁宝魁　高　源

程小方　詹迪生　詹满良　潘明国　潘益华

中国农业科学院作物科学研究所

方　沩　皮邦艳　张　慧　赵伟娜　胡小荣　高爱农　魏利青

编　审　高爱农

近年来，随着生物技术的快速发展，各国围绕重要基因发掘、创新和知识产权保护的竞争越来越激烈。农作物种质资源已成为保障国家粮食安全和农业供给侧改革的关键性战略资源。然而随着气候、自然环境、种植业结构和土地经营方式等的变化，导致大量地方品种迅速消失，作物野生近缘植物资源也因其赖以生存繁衍的栖息地遭受破坏而急剧减少。因此，尽快开展农作物种质资源的全面普查和抢救性收集，妥善保护携带重要特性基因的种质资源迫在眉睫。通过开展农作物种质资源普查与收集，不仅能够防止具有重要潜在利用价值种质资源的灭绝，而且通过妥善保存，能够为未来国家现代种业的发展提供源源不断的基因资源。

为贯彻落实《全国农作物种质资源保护与利用中长期发展规划（2015—2030）》（农种发〔2015〕2号），在财政部支持下，农业农村部于2015年启动了"第三次全国农作物种质资源普查与收集行动"（以下简称"行动"），发布了《第三次全国农作物种质资源普查与收集行动实施方案》（农办种〔2015〕26号）。"行动"的总体目标是对全国2 228个农业县进行农作物种质资源全面普查，对其中665个县的农作物种质资源进行系统调查与抢救性收集，共收集各类作物种质资源10万份，繁殖保存7万份，建立农作物种质资源普查与收集数据库。为我国的物种资源保护增加新的内容，注入新的活力。为现代种业和特色农产品优势区建设提供信息和材料支撑。

为了介绍"行动"中发现的优异资源和涌现的先进人物与典型事迹，促进交流与学习，提高公众的资源保护意识，根据有关部署，现计划对"行动"自2015年启动以来的典型事例进行汇编并陆续出版。汇编内容主要包括优异资源、资源利用、人物事迹和经验总结等四个部分。

优异资源篇，主要介绍新近收集的优异、珍稀濒危资源或具有重大利用前景的资源，重点突出新颖性和可利用性。资源利用篇，主要介绍当地名特优资源在生产、生活中的利用现状、产业情况以及在当地脱贫致富和经济发展中的作用。人物事迹篇，主要介绍资源保护工作中的典型人物事迹、种质资源的守护者或传承人以及种质资源的开发利用者等。经验总结篇，介绍各单位在普查、收集以及资源的保护和开发利用过程中形成的组织、管理等方面的好做法和好经验。

该汇编既是对"第三次全国农作物种质资源普查与收集行动"中一线工作人员风采的直接展示，也为种质资源保护工作提供一个宣传交流的平台，并从一个侧面对这项工作进行了总结，为国家的农作物种质资源保护和利用工作尽一份微薄之力。

编委会

2020年12月

由农业农村部组织领导、中国农业科学院牵头，各省农业农村厅、农科院共同实施的"第三次全国农作物种质资源普查与收集行动"于2015年开始实施。2015—2017年，共完成湖南省、湖北省、重庆市、广西壮族自治区等10省（区、市）623个县（区、市）农作物种质资源普查与收集行动，收集各类农作物种质资源4万份。2018年又启动了四川和陕西两省的相关工作。经过2年多的努力，共完成四川省162个县（区、市）和陕西省88个县（区、市）的农作物种质资源的普查与征集任务；完成四川省21个县（区、市）和陕西省19个县（区、市）的农作物种质资源的调查与抢救性收集任务。四川和陕西两省累计收集各类农作物种质资源达1万份，后续的资源调查收集工作还将继续，资源鉴定评价和繁种入库工作也正在开展。收集到的这些资源将极大地丰富我国国家作物种质资源库（圃）。在此次普查与收集行动中，发现和鉴定出了一批优异种质资源，这些优异资源已经或将继续在当地的农业农村经济发展、扶贫攻坚和乡村振兴等方面发挥巨大作用。其中陕西省'红皮核桃'、四川省'梯田红米'和'得荣树椒'及'二季早'大蒜等部分地方特色种质资源被农业农村部评为2018年度或2019年度"十大优异农作物种质资源"。

在资源普查与收集工作中，奋战在资源保护一线的领导、专家、技术人员以及普通群众认真负责和积极参与，涌现出许多先进人物和典型事例，他们为国家的农作物种质资源保护贡献了自己的一份力量和一份坚守，值得宣传和学习。

我们作为普通的种质资源工作者，能够参与"第三次全国农作物种质资源普查与收集行动"这项功在当代、利在千秋的事业，感到非常荣幸。在此感谢各省（区、市）的有关单位及其人员对资源普查工作的大力支持！由于时间仓促，本汇编难免有疏漏之处，敬请大家批评指正！

编 者

2021年1月

CONTENTS 目　录

四川卷

陕西卷

四川卷

一、优异资源篇

（一）梯田红米稻

种质名称：梯田红米稻。

学名：稻（*Oryza sativa* L.）。

来源地（采集地）：四川省米易县。

主要特征特性：梯田红米稻是地方品种，属于籼稻类型。米色红润鲜亮，米粒细小，营养极为丰富。该品种是傈僳族先民在高山梯田垦殖中由野稻驯化而成。古老的稻谷品种至今仍保留众多野稻基因，世代耕种延续至今。该稻不耐肥、抗病能力强、稳定性高，抗病、耐寒能力强是其显著特点。梯田红米比一般的米更有韧性、更香、更有嚼劲。该品种不耐肥，不能施过多的农家肥。

利用价值：梯田红米提气补血、延年益寿、老少皆宜，微量元素丰富，特别适合作为女人的月子米。

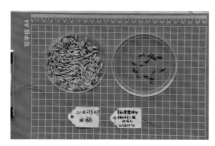

梯田红米稻

梯田红米营养极为丰富，特别是微量元素丰富；富含人体所需的18种氨基酸，人体所不能合成的8种氨基酸中，梯田红米就含有7种。微量元素锌、铜、铁、硒等含量比普通大米高，经常食用能促进儿童生长发育，也具有补血益气、温肾健脑、延缓衰老、延年益寿的作用，是实实在在的原生态绿色食品。而且，梯田红米含有丰富的淀粉与植物蛋白质，可较好地补充体力。它富含众多的营养元素，其中以铁含量最为丰富，故有补血及预防贫血的功效。而其内含丰富的磷、维生素A、B族维生素，则能改善营养不良、夜盲症和脚气病等，又能有效舒缓疲劳、精神不振和失眠等症状。所含的泛酸、维生素E、谷胱甘膦胺酸等物质，则有部分抑制致癌物质的作用，尤其对预防结肠癌的作用更是明显。

该资源入选2018年十大优异农作物种质资源。

供稿人：四川省农业科学院生物技术核技术研究所　余桂容

（二）彭州大蒜

种质名称：彭州大蒜。

学名：蒜（*Allium sativum* L.）。

来源地（采集地）：四川省彭州县。

主要特征特性：彭州大蒜色泽艳丽、质地脆嫩、菜香浓郁、品质优异，具有厚重的地域特色，不仅用于日常调味品，还可加工制成具有清热、解毒、消炎等功效的"蒜素针剂"。

利用价值：彭州得天独厚的良好生态资源，孕育了大蒜优异地方品种资源，依托生态与品种资源优势，彭州大蒜产业逐渐做大做强，如今彭州已有"中国大蒜之乡"的美称，带动了蒜农增收致富，助推了乡村振兴。

该资源入选2018年十大优异农作物种质资源。

彭州大蒜

供稿人：四川省农业科学院经济作物育种栽培研究所　赖佳

（三）带绿荔枝

种质名称：带绿荔枝。

学名：荔枝（*Litchi chinensis* Sonn.）。

来源地（采集地）：四川省合江县。

主要特征特性：带绿荔枝种植历史悠久，是我国熟期最晚的荔枝品种。果实短心形，果肩耸起，果顶浑圆，果皮鲜红色。果肉白色半透明，味甜且香，肉脆汁多，细嫩化渣，核小，品质极佳。带绿荔枝树生长缓慢，成活率低，属珍稀品种。合江带绿荔枝由于长期受合江小区气候自然条件的驯化，其性状与广东"桂味"完全不同，品质变佳，成熟期变晚，每年8月上中旬成熟，成熟后的果面呈鲜红或翠红色，在果皮的缝合线有一条明显的绿色带状，单果重平均19.9g，可食率在80%以上，焦核率90%以上，果肉脆嫩如白玉，细腻又化渣，鲜吃时口中有明显的香气溢出，可称得上是荔枝中的佼佼者。贮藏保鲜的适宜温度在3~10℃，4~7℃时保鲜期可达15~25d，鲜食时口感较好，0℃以下冷冻可保存长达1~6个月，但解冻后鲜食口感差，品质变劣，脱离了原有风味（用保鲜袋密封后放置冰箱保鲜室可存放20~30d）。

利用价值：据四川省农产品质量检测中心测定，果肉含葡萄糖66%，蔗糖5%，蛋白质1.5%，脂肪1.4%，富含维生素A、维生素B和维生素C，叶酸、苹果酸、柠檬酸等有机酸含量高，可溶性固形物达17.4%，还含有多种矿物质元素和游离的谷氨酸、色氨酸，因此享有"中华之珍品、果中皇后"之美誉，独具"一果上市、百果让路"之特色。合江带绿荔枝药用价值高，可生津止渴、治头痛失眠、风湿性炎症，还具有美容功能。

带绿荔枝

供稿人：四川省合江县农业农村局经济作物站　成明元

（四）得荣树椒

种质名称：得荣树椒。

学名：辣椒（*Capsicum annuum* L.）。

来源地（采集地）：四川省得荣县。

主要特征特性：得荣树椒因树干木质化而形成小树俗称"树子海椒"，是多年生植物。最初随着藏传佛教的传入从印度引进，后经当地特殊的地理位置和气候环境长期栽培选育出的一种原始的地方辣椒品种。该品种头年以种子育苗移栽，当年开花结果，可以露地越冬，经冬不死，每年春季又可发生新芽开花结果，植株高可达数米，叶片披针形，果实短角形，顶端稍尖，个头小，成熟后果实金黄鲜亮，其椒果肉薄、辣味浓厚。

利用价值：得荣树椒，是"人无我有"的地方特色产品，2006年获得了国家地理标志产品保护，目前得荣树椒产业化经营初具规模，产、加、销、贸一体化的产业化经营体系已初步形成。全县种植树椒923.8亩，产量254.1t，产值203.34万元，带动种植区农户户均增收1 179元，人均增收188元。

得荣树椒

供稿人：得荣县农牧农村和科技局　李朝应

（五）布福娜

种质名称：布福娜。

学名：黑老虎［*Kadsura coccinea*（Lem.）A. C. Smith］。

来源地（采集地）：四川省旺苍县。

主要特征特性：布福娜（苗语，意为美容长寿之果），主要分布在旺苍县大两、万家、盐河、米仓山等海拔1 000m以上的北部山区。是一种集食用、药用、观赏为一体的野生水果，表面似菠萝，果肉像葡萄，果味如荔枝，乳白浆，细腻浓甜芳香，食用方式与葡萄一样，因其色味俱佳，当地群众取名"鲜桃"。

喜光耐阴，耐寒又耐热，可耐-17℃的低温和40℃的高温，除严寒的北方外，全国大部分山区、丘陵、菜园地、水田都可以种植。常规种植与葡萄相似，管理粗放，病虫害较少，需搭架以供攀缠。布福娜须根较多，生命力强，对土壤要求不严，以弱酸性的沙壤土最适种植，且常保持土壤湿润。布福娜一年苗种植3年后结果，盛产期35年。

利用价值：布福娜果有祛风活络、调气止痛、清肝明目、益肾固精、补血养颜等功效，可深加工成饮品、药品、化妆品、保健品、茶品等，市场前景广阔。国内一些县区已经将布福娜种植列为支柱产业加以扶持发展，并申请了地理标志产品保护，经济效益也比较可观。

布福娜   布福娜植株

供稿人：四川省旺苍县农业农村局　黄秋香

（六）合江真龙柚

种质名称： 合江真龙柚。

学名： 柚［*Citrus maxima*（Burm.）Merr.］。

来源地（采集地）： 四川省合江县。

主要特征特性： 合江真龙柚皮薄实心大，瓤瓣长肾形，剥皮肉不散，果肉晶莹，脆嫩化渣又少核，汁多味甜似冰糖，清色甘醇味悠长，素有"天然罐头"之美称。

果实倒卵圆形，大小适中，平均单果质量920g。果颈较粗短，果梗深凹，果顶广圆，中心浅凹。果皮黄色，果面较粗糙，有乳状凸起，油胞中大，有香气，果实汁胞绿白色，披针形，层次多，排列紧密整齐，脆嫩化渣、多汁、无核、无苦麻味，风味清甜，品质极佳，易裂果。树体抗逆性较强，较抗病虫害。

合江真龙柚果实   合江真龙柚植株

利用价值： 以真龙柚母树为接穗来源，四川省泸州市经济作物站、合江县甜橙办和合江县经济作物站等单位，采用高压苗采摘接穗嫁接的方式嫁接繁育，经过多年试验最终选育出的品种，并于2013年11月通过四川省农作物品种审定委员会审定，编号：川审果树2013010。合江真龙柚因其果肉肉质细嫩化渣、清甜多汁、口感极佳等突出特点，在当地广泛推广种植，并入选农产品地理标志产品，目前保护面积10 000hm²，年产量30万t。

供稿人：四川省农业科学院土壤肥料研究所　许文志

（七）野生红心中华猕猴桃

种质名称：野生红心中华猕猴桃。

学名：中华猕猴桃（*Actinidia chinensis* Planch.）。

来源地（采集地）：四川省峨边县。

主要特征特性：幼枝或厚或薄地被有灰白色茸毛或褐色长硬毛或铁锈色硬毛状刺毛，老时秃净或留有断损残毛；皮孔长圆形，比较显著或不甚显著。叶纸质，倒阔卵形至倒卵形或阔卵形至近圆形，花柱狭条形。果黄褐色，近球形、圆柱形、倒卵形或椭圆形。

利用价值：为四川省彩色猕猴桃育种工作提供了宝贵的材料。四川省彩色猕猴桃育种工作起源于20世纪90年代，尤其是'红阳'猕猴桃的出现，加速了四川省彩色猕猴桃的选育工作。四川省近30年来相继选育出'红阳''红美''红华''红实1号''红实2号''金实1号''龙山红'等优品品种。

在高海拔地区生长势较强、未发现明显病虫害，具有很大的育种潜力。对该野生红心猕猴桃进行扩繁、优株筛选、杂交育种，有望培育出适宜高海拔（海拔800～1 400m）生长、抗逆性较强的红心猕猴桃品种。

野生红心中华猕猴桃

供稿人：四川省农业科学院园艺研究所　宋海岩

（八）峨边马铃薯

种质名称：峨边马铃薯。

学名：马铃薯（*Solanum tuberosum* L.）。

来源地（采集地）：四川省峨边县。

主要特征特性：适于高海拔地区生长，香味浓郁，块茎具有一定的抗褐变能力。

利用价值：可作为育种材料；可用于研究马铃薯抗褐变机理。在峨边县，彝族居民将马铃薯作为主食，峨边马铃薯适宜烧制和蒸煮。

峨边马铃薯块茎

供稿人：四川省农业科学院园艺研究所　宋海岩

（九）科金矮

种质名称：科金矮。

学名：稻（*Oryza sativa* L.）。

来源地（采集地）：四川省旺苍县。

主要特征特性：种植在海拔1 000m以上高山冷水田中，株高110cm，亩产400~500kg。科金矮抗性强，不施用肥、药，旱涝保收，米饭色香味浓，口感润爽。

利用价值：可用于发展地方特色大米产业，或用于水稻新品种培育。

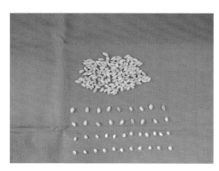

科金矮籽粒　　　　　　　　　　科金矮秧苗

供稿人：四川省旺苍县农业农村局　张明广、黄秋香

（十）奶桑

种质名称： 奶桑。

学名： 奶桑（*Morus macroura* Miq.）。

来源地（采集地）： 四川省米易县。

主要特征特性： 奶桑为高大乔木，树型高大，聚花果成熟为浅红色，略带黄色，叶质粗糙，可作养蚕饲料，树木可作木材，桑椹大且味甜，有一种特殊的香气，可开发水果用桑。奶桑植株生长势强，发条力强，侧枝较少。对桑褐斑病和桑果白粉病抗性强，抗旱性强，耐寒性较弱。

目前，米易县麻陇彝族乡的马井村发现的这棵奶桑是国内最大的一棵，被当地村民称作"神桑"。这棵奶桑在国内冠幅最大、胸径最大、高度最高，根据测定年龄，也是目前发现的最古老的一棵奶桑树，推测至今有648年，可以当之不愧地称为"奶桑王"！同时，这棵"奶桑王"的发现，将奶桑的自然分布扩至北纬26°的攀枝花，对于研究攀枝花的桑树和历史气候变迁有着非常重要的作用，除此之外，在农业上其科研、种用价值也十分重大。

利用价值： 奶桑的桑果口感鲜甜，有一种特殊的香气，适合作为水果鲜销，也可以通过深加工开发桑果干、桑果酱等综合利用开发产品。

奶桑被发现以来还没有大规模的利用开发，下一步将通过深入研究，并作为特异资源深入挖掘其利用价值和产品功能，可进一步扩大奶桑的种植规模，做大做强奶桑产业，并作为四川果桑产业的一张靓丽名片加以推广，对当地农民脱贫致富和经济发展定会起到推动作用。

奶桑花序和叶片 　　　　　　奶桑植株 　　　　　　　　奶桑枝叶

供稿人：四川省农业科学院蚕业研究所　黄盖群

（十一）花红雀儿蛋

种质名称： 花红雀儿蛋。

学名： 菜豆（*Phaseolus vulgaris* L.）。

来源地（采集地）： 四川省万源市。

主要特征特性：花红雀儿蛋种子果皮色彩鲜艳。仅在海拔1 600m以上的地方才能挂果。抗病，抗虫，耐寒，耐贫瘠。

利用价值：具有观赏性。增进食欲、调和脏腑、安养精神、益气健脾、消暑化湿和利水消肿的功效。

花红雀儿蛋

供稿人：四川省万源市种子站　杨政

（十二）米易芒果

种质名称：米易芒果。

学名：芒果（*Mangifera indica* L.）。

来源地（采集地）：四川省米易县。

主要特征特性：米易县独有的温光资源，让这个"早熟芒果"在当地延续百年，而且其入口的甜度和香味极好，香气浓郁，口感极甜（在成熟的芒果类中并不常见）。最难得的是该品种在每年4—5月就可以上市，是一个外地难以复制、非常适合米易县发展的高山早熟特色作物品种。

利用价值：可作为高山早熟品种推广，具有较好的市场开发前景。

供稿人：四川省农业科学院生

米易芒果植株

米易芒果果实

物技术核技术研究所　余桂容

（十三）金川雪梨

种质名称： 金川雪梨。

学名： 梨（*Pyrus* sp.）。

来源地（采集地）： 四川省金川县。

主要特征特性： 金川雪梨树又称鸡腿梨或白梨，树形圆头形，树姿开张，萌芽率中等，成枝力中等。花序内花7个，花白色，果实大，平均单果重217g，纵径9.2cm，横径7.3cm。

金川雪梨果实大，倒卵形或葫芦形，果皮薄而脆、无锈，光滑。果点小而细密、平、黄白色、圆形，果心偏小，果肉白色，肉质细脆、汁多、甜、香气浓郁，品质上等。成熟期9下旬至10月上旬。丰产，稳产，不太耐贮。耐寒，耐贫瘠，抗逆性强。

利用价值： 金川雪梨种质繁多，有80余种，是当地主要经济作物之一，为金川县发展农村经济发挥了一定的作用。金川雪梨可以进行深加工，果实可以直接食用，也可以加工成雪梨膏、雪梨膏糖、雪梨饮料等农副产品。金川雪梨色鲜皮薄、果香浓郁、味美醇甜、核小化渣，久负盛名，金川县以"雪梨之乡"闻名全国。金川雪梨在当地农村经济收入中占有重要地位。

金川雪梨生境　　　　　　　　　　金川雪梨结果状

供稿人：四川省金川县科学技术和农业畜牧局　吴明凡

（十四）白湾海椒

种质名称： 白湾海椒。

学名： 辣椒（*Capsicum annuum* L.）。

来源地（采集地）： 四川省马尔康市。

主要特征特性： 白湾海椒优质、抗病、抗虫、耐涝、耐贫瘠。白湾海椒是马尔康市最具地方特色的蔬菜品种，它肉质细嫩、香辣，相比小米椒的辣度更适中，更受当地消费者的喜爱。

利用价值： 白湾海椒栽培历史悠久，从20世纪60年代就开始种植，历经50多年，在当地有很好的口碑，成渝两地的消费者时常闻名而来，购买该品种辣椒。白湾海椒平均亩产500kg，价格以30元/kg计算，亩销售收入可达1.5万元，经济效益十分显著，市场前景看好。白湾海椒这个优秀的地方品种资源，最近几年已启动品种保护利用，以便利于优化马尔康市的蔬菜产业及品种布局，提高蔬菜品质和效益，带动马尔康市农业产业可持续发展，促进农业增效和农民增收。

| 白湾海椒结果状 | 白湾海椒植株 | 白湾海椒 |

供稿人：四川省马尔康市农业畜牧局　　向云富

（十五）小金黄玉米

种质名称：小金黄玉米。

学名：玉米（*Zea mays* L.）。

来源地（采集地）：四川省小金县。

主要特征特性：一般生长在海拔3 000m左右的高半山地区，小金黄玉米系传统老品种，颗粒小、圆且硬，米多粉少，生长期长。小金黄玉米与良种玉米相比营养丰富，比一般玉米的蛋白质含量高，食用易于消化，产热量很低，含不饱和脂肪，是优良的粮食作物。小金黄玉米是小金县优质资源之一，小金黄名称和种子的来源已无从考证，只知道小金县祖祖辈辈都以它为食，主产区在小金县，且以小金县的品质最纯正，故名小金黄。小金黄玉米属地方老品种，非杂交品种，由于是原始品种，具有抗病、抗虫、抗逆、抗旱等特点，但出苗率不高，植株矮小，导致小金黄玉米产量不高，种植面积小。

小金黄玉米

利用价值：可以用来食用，也可饲用。小金黄种植面积下降，面临着绝种的危机，我们应该行动起来，让这个古老而又独特的地方老品种保留下来。

供稿人：小金县科学技术和农业畜牧水务局　任国莉

（十六）云桥圆根萝卜

种质名称：云桥圆根萝卜。

学名：萝卜（*Raphanus sativus* L.）。

来源地（采集地）：四川省郫都区。

主要特征特性：云桥圆根萝卜又叫春不老圆根萝卜，是由当地老百姓自繁自育的传统优良品种。云桥圆根萝卜是历史沿袭和传承的名称，当地种植萝卜历史悠久，距今已有一千多年，《郫县志》（1989年版）上有"春不老萝卜"的记载，《新民场乡志》（1983年版）上也有"白露点园根子萝卜"的农事习俗活动记载。云桥圆根萝卜肉质根大小均匀、扁圆形、无分叉，表皮白色、肩部微绿、底部乳白、细腻光滑，无皱缩、凹凸等；肉质致密、脆嫩、多汁、回甜、无辣味，无糠心，品质上，从1996年至今，云桥村的春不老圆根萝卜都被确定为北京人民大会堂宴会专用菜品，也是老百姓餐桌上不可缺少的菜品。

利用价值：云桥圆根萝卜在2011年获得有机转换产品认证证书（证书编号：129OGA1200475），2013年获得有机产品认证证书（证书编号：129OP1200475），2013年由郫县农业技术推广中心申报的"云桥圆根萝卜"通过农业部农产品质量安全中心审查和组织专家评审，实施国家农产品地理标志登记保护，2014年成功申请为国家地理标志保护产品。云桥圆根萝卜正逐渐改变传统分散农户为单位的经营模式，形成了"农产品地理标志+蜀上锦生态蔬菜联合社+云桥蔬菜合作社+农户"的经营模式，将云桥圆根萝卜的生产、加工、销售等环节有机地联系起来，实现了规模化、产业化经营。云桥圆根萝卜是着力打造的公共区域品牌名称，由于其独特的品质，云桥圆根萝卜在四川省内外具有一定的市场认知度，也是当地政府和农业部门积极推动树立的农产品公共区域品牌，得到生产经营主体的广泛认同，以其为主要原料的加工制品远销全国。

云桥圆根萝卜

供稿人：四川省成都市郫都区农业农村和林业局　谢剑昭

（十七）青溪冬梨

种质名称：青溪冬梨。

学名：沙梨［*Pyrus pyrifolia*（Burm. f.）Nakai］。

来源地（采集地）：四川省青川县。

主要特征特性：一是果实品质优，果肉砂细、多汁味浓、香甜可口，外形扁圆、色泽金黄美观。二是该品种抗病抗虫性强，耐干旱、耐寒冷、耐瘠薄，未见有梨黑星病、黑斑病等发生。三是晚熟、耐储藏，当地11月中旬成熟，在树上可安全越冬至翌年1月，室内可保存至翌年4月，且无损。

在青溪平桥海拔1 300m高寒山区的贫瘠坡地，生长数百年，而且年年丰产；境内野生梨树资源丰富、种质众多，当地农户驯化种植历史悠久，有树龄达300余年的冬梨树王。

利用价值：不仅是现有梨树品种的优良砧木，而且是当地开发错季上市水果、鲜食保健水果的首选品种。青溪冬梨久负盛名，多年来均为市场之"俏品"。近年来清溪镇政府依托唐家河保护区、青溪古镇等旅游资源，把青溪冬梨作为该镇一乡一业、一村一品特色旅游产品开发。目前该镇已在平桥、阴平、石玉、和平等高山村栽植近10 000株，发展面积达400亩，户均增收1 600余元，带领150余户贫困户走上了奔康之路。

青溪冬梨枝、叶、果及果实切面

青溪冬梨结果状

供稿人：四川青川县农业农村局　张守驹

（十八）千年古茶树

种质名称：千年古茶树。

学名：秃房茶（*Camellia gymnogyna* Chang）。

来源地（采集地）：四川省叙州区。

主要特征特性：千年古茶树属野生大叶乔木。古茶树位于宜宾市叙州区，海拔1 037m，树高20.3m，冠幅10.5m，主干基围1.35m，主分干基围1.13m，侧分干基围0.65m，2015年原宜宾县人民政府挂牌树龄为2060年。古茶树抗病虫、抗贫瘠、抗寒等能力极强。

千年古茶树树龄经四川省林业科学研究院考证，农民认知度极高，方圆100km都知晓并常有游人前往参观。

利用价值：叙州区利用千年古茶树种质发展茶叶产业21.5万亩，年产值28.5亿元，是部分乡镇的主要产业和农民重要收入来源，也是脱贫致富见效快的首选产业。千年古茶树所在天宫山茶叶生产基地海拔1 000～1 400m，风景迷人，非常适宜度假休闲，也是夏天避暑的好去处。目前叙州区正在利用千年古茶树的地位和远近闻名的影响力，借助"中青旅"大平台发展茶旅文化旅游。

千年古茶树叶片和果实

千年古茶树

供稿人：宜宾市叙州区种子质量监督检验管理站　张其升

（十九）长宁糯玉米

种质名称：长宁糯玉米。

学名：玉米（*Zea mays* L.）。

来源地（采集地）：四川省长宁县。

主要特征特性：本地糯玉米制成的猪儿粑比糯稻制成的猪儿粑糯性更强，更有弹性，香味更浓郁，易于人体消化吸收，有"三不粘"，即不粘牙齿、不粘筷子、不粘蒸布。其抗病性、抗虫性、抗寒性、抗旱性强，抗倒伏，耐贫瘠。经科学验证发现，这一品种支链淀粉含量高达100%。

该糯玉米在种植过程中遵循自然耕种之道，种植该品种投入不高，只需施少量农家肥，但是该品种产量不高，平均亩产100～150kg，产量最好时也只有200kg/亩。

利用价值：主要用作特色点心的原料。据杨龙莲介绍，其父亲在珙县观斗苗族乡种植糯稻，因其田块处于高海拔地区，糯稻容易坐苑，产量极低，种植糯稻的收入和产出完全不成正比。后来发现当地种植的糯玉米也有糯性，其通过不断地试验，最终将糯玉米制成了点心——猪儿粑。杨龙莲10多岁的时候在其父亲的熏陶下就开始制作糯玉米猪儿粑，至今已有30多年的制作历史。后来杨龙莲嫁到梅硐镇高简村后，将该糯玉米带到当地种植，现已成为"竹林深处有人家"的招牌点心。

优异的种质资源与壮美的大自然完美结合，成立农旅融合的公司，种植特色糯玉米，对全乡的糯玉米进行统一规范种植，引进技术及设备对糯玉米产品进行深度开发和特色打造，并结合优美的自然环境进行宣传和开发，在精准扶贫和乡村振兴方面具有重大利用前景。

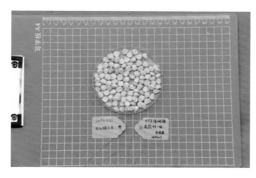

糯玉米籽粒

猪儿粑

供稿人：长宁县农业农村局　陈勇
四川省农业科学院生物技术核技术研究所　余桂容

（二十）古蔺耐涝黑皮大豆

种质名称：古蔺耐涝黑皮大豆。
学名：大豆［*Glycine max*（Linn.）Merr.］。
来源地（采集地）：四川省古蔺县。
主要特征特性：一年生草本，株高106cm，全生育期127d。茎粗壮，直立或上部近缠绕状，小叶数3个，具脉纹，小叶椭圆状披针形，先端渐尖，花紫色，种皮黑色，百粒重14.4g，经鉴定田间抗病、抗虫、耐涝，结荚率高，小籽粒型大豆，适合制作豆浆、豆芽。

黑大豆植株　　　　　田间生长状况　　　　　黑大豆籽粒

利用价值：黑皮大豆蛋白质含量高，易于消化。其脂肪含量在15%左右，主要含不饱和脂肪酸，吸收率可高达95%，除满足人体对脂肪的需要外，还有降低血液中胆固醇的作用。黑皮大豆具有营养保健作用，B族维生素和维生素E含量很高，还含有丰富的微量元素，对保持机体功能完整、延缓机体衰老、降低血液黏度都很有益处。

供稿人：四川省农业科学院作物研究所　项超

（二十一）古蔺野生大茶树

种质名称： 古蔺野生大茶树。

学名： 茶［*Camellia sinensis*（L.）O. Kuntze］。

来源地（采集地）： 四川省古蔺县。

主要特征特性： 古蔺野生大茶树属乔木或小乔木型，树高3～15m，树径0.18～2.3m，长势较好，伴生植物有竹、常绿大（小）乔木、灌木、草本等。树势披张、半披张或直立。中叶、大叶或特大叶均有，叶色绿或深绿，有光泽。

抗性中等，个别单株抗性较强。野生大茶树资源发芽较早，一芽二叶期在3月上旬，新梢浅绿或黄绿，节间较长，无茸毛或茸毛较少，个别单株显毫，一芽二叶百芽重28～70g，茶多酚含量较高。当地老百姓多采摘一芽二三叶手工制作炒青绿茶，水浸出物丰富，浓厚回甘。野生大茶树适制红茶。外形条索较紧结，色泽乌黑油润，汤色红浓明亮，滋味甜香、醇厚，叶底明亮匀整。

利用价值： 古蔺县野生大茶树资源的开发利用度不高，还未形成完整产业。近年来随着当地茶企或外地一些茶商收购鲜叶加工红茶，农户积极性逐渐提高，但还存在部分珍稀资源被毁和灭绝的危险，亟须收集保护并加以研究利用。

野生大茶树及茶叶

供稿人：四川省农业科学院茶叶研究所　王小萍

（二十二）丹巴黄金荚

种质名称：丹巴黄金荚。

学名：菜豆（*Phaseolus vulgaris* L.）。

来源地（采集地）：四川省丹巴县。

主要特征特性：丹巴黄金荚又称美人谷黄金荚，俗名金黄豆，主要食用嫩荚。该资源主要集中种植于河谷地带，海拔区域在1 800～2 100m。

黄金荚以金黄色的豆荚而得名，黄金荚嫩豆荚通过凉拌、切丝小炒、红烧、清炖等各种方式制作的食品清香、可口、颜色金黄鲜艳诱人，是迎接和招待贵宾的美味佳肴，深受广大顾客青睐。每年5—10月是黄金荚大量上市期。

利用价值：丹巴县种植黄金荚历史悠久，在丹巴县的岳扎镇、半扇门乡、梭坡乡、格宗镇、聂呷镇、巴旺乡均有种植黄金荚的传统，这里的老百姓有多年的种植经验，个个都是种植黄金荚的能手，黄金荚不仅有丰富的营养，而且以无与伦比的美味而深受消费者青睐。它是丹巴县独有的优质特色资源，只有到丹巴你才能有福享受黄金荚制作的各种美味食品，所以黄金荚也和丹巴美人谷一样成为丹巴县招揽游客的形象代言。2019年丹巴县农牧农村和科技局农业技术推广和土肥站申请取得国家知识产权局丹巴县黄金荚地理标志证明商标。

黄金荚作为丹巴独特拥有的优质资源，有巨大的发展前景，能为丹巴县的经济发展带来很大的利润空间。然而，丹巴县黄金荚虽种植历史悠久，但种植规模小、零星布局，种植、加工技术落后，品种退化严重，黄金荚产业需要投入更多的技术和资金才能更好地开发。

田间采摘丹巴黄金荚　　　　　　丹巴黄金荚

供稿人：四川省甘孜州丹巴县农牧农村和科技局　米色

（二十三）泸定仙桃

种质名称：泸定仙桃。

学名：仙人掌［*Opuntia dillenii*（Ker Gawl.）Haw.］。

来源地（采集地）：四川省泸定县。

主要特征特性：品种优良，多年野生，耐旱、耐寒、抗病、抗虫、抗逆、生命力强，不用打药、施肥；仙桃是仙人掌的果实，这种多年生的草本植物，高2～3m，人们把掌叶边缘结出的长椭圆球果称为仙桃。未成熟仙桃为墨绿色，成熟后为绿色、淡黄色，果肉甘甜清爽，略似香蕉。每年8—9月是泸定仙桃成熟期。

利用价值：泸定仙桃以其爽滑、清凉、味美可口及清热、解暑、美容等药用价值而深受广大顾客青睐。

现在泸定县已推出了泸定仙桃饮料、仙桃酒、翡翠挂面等品种。2019年，泸定县已发展仙人掌种植面积2万多亩（其中野生仙人掌1万亩），每亩产量达到1 500余kg，年产量达1.5万余t，年产值9 000余万元，已申请注册地理标志保护产品。

泸定仙桃

供稿人：四川省甘孜州泸定县农牧农村和科技局　徐进

二、资源利用篇

（一）茵红李"映红"了叙州人的生活

茵红李是宜宾市叙州区利用当地李子品种经多年选育而成的地方特色品种资源，是当地最具代表性的地理标志农产品。

1. "宜宾茵红李"产品渊源

叙州区（原宜宾县）李的种植历史非常悠久，据《宜宾县志》〈物产志〉（清嘉庆版校注本）记载嘉庆年间即有李种植。当地李种植普遍，品种多而杂，未形成标准化、规模化生产，造成叙州区李子多数品种品质不佳。21世纪初，叙州区政府为了发展地方优势特色产业，由区科技局组织专家团队，在地方李资源中筛选优株，经多年试验选育成这一优质李新品种，因该新品种李子果实一半紫红色一半黄绿色，在区品种命名会上，专家们将其命名为'茵红李'，该品种于2011年2月通过四川省品种审定委员会审定。2013年制定出台宜宾茵红李种植技术地方标准。宜宾茵红李以其优良的品质，于2013年成功登记成为农产品地理标志保护产品。

茵红李果实

2. 茵红李特性

茵红李种植地土层深度须在80mm以上，中性至弱碱性土质，有机质含量≥10g/kg，要求为向阳坡地，海拔在300～750m。茵红李因其特别适宜叙州区独特的土质和气候条件，丰产性特别好；生产的李子果皮底色青黄，阳面呈紫红色，全果着粉，缝合线较明显，果皮较薄，果肉黄绿色，离核，口感脆甜化渣，清香爽口，品质优良，可溶性固形物11.6%，每100mL果汁中含糖8.07g、酸0.66g、维生素C 3.55mg；耐储性强，深受省内外消费者喜爱。

3. 茵红李经济和社会效益

（1）种植茵红李的经济效益。根据叙州区农业农村局果树站统计，截至目前，茵红李在全市的推广种植面积在20万亩以上，其分布范围：叙州区6万亩，屏山县12万亩，兴文县、翠屏区、南溪区、江安县等区县5万亩。茵红李在移栽后第5年进入结果盛期，盛产期产量一般在750kg/亩，按2018年产地销售均价4元/kg计，茵红李产业创造产值达6亿元。同时，叙州区茵红李种苗基地每年还销往全国各地茵红李种苗50万株，单株均价3元，带来了较好的收益。

茵红李销售商在喜捷镇订货现场　　　2018年央视七套专题报道叙州区茵红李

（2）茵红李在脱贫攻坚工作中的作用及社会效益。由于茵红李适应性广，栽培管理较容易，栽培管理不受限制，不管是田边、荒坡台地都可种植，盛产期亩收入可达3 000元以上，可以说是一个真正的好产业。近几年来，叙州区已把茵红李作为了扶贫项目中的一个支柱产业来重点发展，并成为乡村振兴的有力推手。全市30多个贫困村把种植茵红李作为脱贫致富产业来发展，种植面积达2万亩以上，随着扶贫工作的进一步深入和茵红李品牌宣传范围的不断扩大（2018年中央电视台第七套节目"农广天地"栏目对茵红李进行了专题报道），茵红李将对农村产业结构调整、乡村振兴和美丽乡村建设产生巨大影响和推动作用；全市涉及茵红李种植专业合作社50个以上，这些专业合作社将带动更多更大范围的老百姓种植茵红李、致富奔康。

资源的力量是无穷的，茵红李种植业的发展充分带动了物流运输业、加工业、旅游业、餐饮业、服务业等共同发展，很好地实现了三产融合。每年3月，当漫山遍野李花盛开的时候，叙州人民伴随着一年一度的"李花节"，带上亲人、陪同朋友，享受自然，放飞自己；在6月底到7月初这个收获的季节里，茵红李熟透了，来自成都、重庆等省内外的运输车在公路上排成了长队。李子熟了的时候，在宜宾特别是在叙州走亲访友时人们都会带点茵红李作为礼物，很多外地人来叙州也要到茵红李基地去转一转、看一看，摘点李子，吃顿农家饭。目前，全区以茵红李作为旅游观光的农家乐在10个以上，由于茵红李的大面积推广种植，很好地带动了当地一二三产业的融合发展，解决了农村大量就业岗位。有了事做，有了收入，到外地打工的人就少了，从而给农村带来了稳定与和谐。茵红李在叙州已经成为人们生活中的一张离不开的水果名片。

4. 茵红李生产发展规划及前景展望

2006年，叙州区（原宜宾县）政府专门将宜宾茵红李作为特色水果产业发展纳入"十一五"规划，随后纳入"十二五"和"十三五"规划，由此，宜宾茵红李得到长足发展，截至2018年，仅叙州区种植面积就已经达到了6万亩、年产值1.8亿元，按产业规划，未来还将加大宜宾茵红李市场宣传力度，增强消费者的认识与认可度，全面提升市场影响力。

为充分发挥"宜宾茵红李"地理标志保护产品在推动叙州区特色农业发展、保障农产品质量安全、促进农业增效农民增收等方面的引领作用，积极做好"宜宾茵红李"地理标志核心保护区建设，掌握产品独特内在品质形成的影响因素，叙州区农产品质量安全管理办公室已经对不同产地茵红李进行了取样，对可溶性固形物、固酸比等品质特性进行检测和分析，对"宜宾茵红李"地理标志农产品提供科学依据。

在上级主管部门和叙州区委区政府的坚强领导和全力支持下，宜宾茵红李产业获得了极大程度的发展，从之前的粗放型、松散型种植，转变成为成片规模化、标准化种植，从区内种植推广到了区外、市外和省外种植，"宜宾茵红李"已经成为叙州区（原宜宾县）最具代表性的地理标志农产品。

供稿人：四川省宜宾市叙州区农业农村局　张其升、李俊平、曾伟

（二）广安松针让绿水青山变金山银山

广安松针，因茶芽白毫显露似雪松披霜、外形紧细挺拔匀直若针且产地在广安而得名。其生产基地主要集中在四川省广安市前锋区龙滩、光辉、小井等乡镇。采的是茶树顶部颜色较浅的、最嫩的、没有开苞的芽尖，属特种绿茶类的针形芽茶，深受当地老百姓喜爱。

1. 广安松针简介

（1）自然环境孕奇珍。广安松针生长于最宜茶树生长的北纬30°地带，平均海拔800m左右，土壤微酸性、土层深厚、生物多样性丰富；气候温暖、雨量丰沛、日照充足、四季分明、雨热同季、云雾缭绕，终年松林苍翠，形成茶树生长独特环境。

（2）工艺传承制精品。广安自古以来产茶，清道光年间，就出产"老龙洞"贡茶，历史传承与现代采制工艺完美结合，形成了广安松针独特的19道采制工艺，包括鲜叶采摘、摊放、杀青、透气散热、揉捻、初烘、做形、摊凉去杂、复烘、精选、复火提香、包装等工序。

林下茶林　　　　　　　　　　茶园采茶

（3）独特品质美名传。广安松针品质风格独特，干茶色泽翠绿，外形紧细挺拔，香高味醇，冲泡后芽叶直立，栩栩如生。先后荣获第二届中国农业博览会金奖、第三届农业博览会名牌产品、中国（成都）国际茶叶博览会金奖、四川省第三届"甘露杯"优质名茶等荣誉称号。2016年5月，广安松针成功注册国家地理标志证明商标。

（4）烹茶尽具奉佳茗。广安松针性寒凉，有退热祛暑解毒之功，适合一般人群饮用。富含活性酶、多酚类、维生素、儿茶素、25种氨基酸、茶氨酸及多种矿物质。冲泡广安松针的茶具通常为透明玻璃杯，水温以90℃为宜，其具体冲泡程序有备具、赏茶、置茶、浸润、泡茶、奉茶、品饮。冲泡开始时，茶芽浮在水面，经5～6min后，部分茶芽沉落杯底，此时茶芽条条挺立，上下交错，犹如雨后春笋。正所谓：晴空飞瀑散幽香，舞动灵芽韵味长；宛见仙娥天上降，亭亭玉立水中央。

广安松针茶

2. 广安松针的产业发展

近年来，广安市前锋区按照"建基地、创品牌、搞加工"三产联动的发展思路，振兴本地茶产业，通过带动和示范作用，在促进茶叶加工技术水平、提高茶叶资源利用率、降低茶叶生产成本、推动产业结构调整等方面产生巨大的经济效益和社会效益，大幅度增加茶农收入，带动地方经济持续发展。

（1）品牌优势。广安产茶历史悠久，早在清朝道光年间就出产过"老龙洞"贡茶，民国时期，中国茶业公司曾一度在双河场设收购组收购境内茶叶，并称"广安茶叶好，出了广安境，味道美，卖价高"。

（2）产业优势。前锋区是广安重点茶区之一，目前全区茶园总面积7 000余亩，待开发面积5万亩，现已成为前锋区发展农村经济的支柱产业、优势产业，根据《前锋区茶叶产业发展战略规划》，茶园面积将达到6万亩，年产量达到3 000t左右。

（3）产品优势。广安茶叶主要分布在华蓥山西麓，这里山峦起伏，河流纵横，有湿润的季风型气候特点，光照、热量、降水、土壤等条件，构成了发展茶叶生产有利的生态环境，北纬30°是种植绿茶的黄金地带。广安松针茶叶内含有的化学成分非常丰富，茶多酚含量、儿茶素含量及非酯型儿茶素比例较高，氨基酸、咖啡碱、可溶性糖含量也比较高，从而形成了广安松针"鲜浓、爽口、耐泡"的滋味特征。叶绿素含量高于多数嫩度相近的名优绿茶，使其具有"干茶色泽翠绿、叶底嫩绿"的品质特征。

（4）政策优势。前锋区将在农村土地流转、农村资金投入、农村社会化服务、社会保障、城乡一体化等方面大胆探索，试验、创建出一套崭新的体制和机制。同时，给协会在茶叶产业化方面提供了重要的政策支撑。此外，前锋区积极向上争取茶叶产业化开发利用项目，拟与华蓥山红色旅游基地、桂兴清凉旅游胜地相结合，打造华蓥山西麓茶旅结合休闲、度假旅游观光带。

供稿人：广安市前锋区经济作物技术推广站　唐礼平

（三）发展荔枝产业　促进农民增收

合江县地处四川南部盆地边缘，离重庆市区75km，是四川省特色晚熟荔枝产品优势产业区域，经济社会发展情况良好。目前，全县特色晚熟荔枝优势产业到2018年共巩固在30.6万亩，年产量1 600万kg，综合产值11.7亿元。合江县农垦（热作）区（场）8个2 000多亩，有原始森林50万亩，辖区总面积2 414km²，总人口90.1万人，其中农村人口67.6万人，实现地区生产总值189.9亿元、增长8.6%，地方一般公共预算收入10.8亿元、增长10.1%，规模以上工业增加值增长10.6%，全社会固定资产投资257.7亿元，社会消费品零售总额98.4亿元、增长13.1%，城镇居民人均可支配收入26 262元、增长8.5%，全县农村居民人均可支配收入14 472元、增长10%，增速排名四川省中高收入组第一。

1.合江荔枝产业发展情况

合江是中国晚熟荔枝之乡，四川省现代农业建设重点县，全省特色农业效益（荔枝）培育县。合江荔枝风味独特，种植历史悠久，誉称水果"三绝"之一，发展基础较好，已逐渐成为农民增收致富的支柱产业。历届县委、县政府高度重视，连续制定了2009—2011年、2012—2016年两个发展规划，计划到2016年发展到30.6万亩，特别是2012年、2013年、2014年三年更是取得了突破性进展，并呈现以下特点：一是产业规模不断壮大。通过近三年的强势发展，规模不断壮大，产量不断增加，品种不断优化，在川南、黔北、渝西等地有较高的知名度。目前，基地规模稳定在30.6万亩，常年产量2 000万kg，年产值10亿元以上，主要品种有妃子笑、绛沙兰、带绿、红绣球、马贵荔、红灯笼、楠木叶等10多个，其中引进有一定规模的品种20多个，多以中、晚熟和特晚熟为主，全县早、中、晚熟品种比例约占7：2.5：0.5。二是区域布局不断优化。分布在合江镇、密溪、虎头、实录、佛荫、大桥、尧坝、先市等乡镇，通过近三年的成片推进，基本形成了以合江镇、虎头、实录、密溪、凤鸣镇部分区域为重点的三江省级新农村12万亩荔枝产业核心示范区1个（其中省级万亩荔枝示范乡镇3个）；以大桥、佛荫、合江镇部分泸

古荔树（大红袍5姐妹）

合高速沿线区域为核心的5万亩荔枝产业示范带1个；以泸赤高速沿线尧坝、先市、法王寺镇部分区域为主的4万亩荔枝产业示范片1个；以甘雨、福宝镇为重点的福宝风景旅游线2万亩荔枝产业带1个。三是品牌创建取得突破。合江已被命名为"全国南亚热作名优基地""中国晚熟荔枝之乡"，带绿荔枝获"中华名果"称号，真龙牌"带绿""陀缇"荔枝分别获奥运水果一、二等奖，顺利通过了良好农业规范（GAP）认证，成功注册"合江荔枝"域名商标和地理标志产品，荣获全国区域性公用品牌50强。四是营销意识不断增强。荔枝商品率达90%以上，产品主要以营销经纪人、部门集体和专合组织采购销售为主，比例约分别占4：3：3，本县和外地销售比例约为7：3，直接销往重庆、成都市场荔枝每年8 000～10 000t。五是科学管理开始起步。合江荔枝管理在农业主管部门的长期指导下，有较大进展，但仍然处于大户自发、传统管理阶段，保鲜、储运、分级、包装问题没有解决。六是"两大"优势更加凸显。合江县地处川、黔、渝结合部，交通便利，且区域内雨量充沛，温、光、水、气充足，无霜期长，发展荔枝具有区位环境优越和特殊小区气候优势。

2. 发展优势

（1）区位优势。合江镇地处四川盆周山区农业大县、四川省第二批扩权强县试点县——合江县中心腹部，介于合江县城区、重庆市和贵州习水市区之间，距合江县县城3km，距习水市区92km，距赤水市区70km，距重庆主城区57km，至成都市区约310km。合江县地处国家重点经济区成渝经济发展带和一小时经济圈内，处于"遵义—赤水红色旅游—福宝国家级森林公园—四面山"旅游环线中段，示范片水陆交通便捷，长江、赤水河、习水河三江交汇处，宜泸高速公路穿境而过，合习路、合渝路、赤水河沿江公路等干道贯穿规划区，区域内村村通公路，经济区位优势明显。

（2）产品特色。合江荔枝成熟后果皮鲜红，形如心脏，果肉晶莹透明，肉厚、核小、汁多。外观品质：果实较大，心形或长心形，果皮呈鲜红或绿红，平均单果重18～23.48g，可食率70%～82%。营养品质：据四川省农产品质量检测中心测定，果肉含葡萄糖66%、蔗糖5%、蛋白质1.5%、脂肪1.4%，富含维生素A、维生素B、维生素C，叶酸、苹果酸、柠檬酸等有机酸含量高，可溶性固形物14.9%～17.4%，还含有多种矿物质元素和游离的谷氨酸、色氨酸。风味特征：鲜食时脆嫩化渣、汁多，酸甜适度，

口中有明显的香气溢出。

（3）产业优势。合江荔枝占四川省荔枝总产量90%以上，全县种植面积30.6万亩，450万株，常年产量2 000万kg以上，已建成合江荔枝产业带3个，荔枝基地乡镇11个，荔枝专业村64个。主要品种有带绿、观音绿、妃子笑、大红袍、绛纱兰、桂味、楠木叶等10余个品种。2020年，在四川省内市场带绿、观音绿、妃子笑每千克上百元，大红袍每千克40～80元。近几年合江以高接换种方式大力推行品种改良，特晚熟名优品种产业化发展迅速，早（7月中下旬成熟）、中（7月下旬至8月上旬成熟）、晚（8月上旬至9月上旬成熟）熟品种日趋配套，充实市场间歇逐渐拉长，销售市场逐年扩张。合江县的农业部无公害农产品整体认证基地、荔枝核心产区及成龄树对树体挂牌编号，实行采前和采后农资产品使用监控，建立了可追溯体系。

红绣球荔枝

带绿荔枝

（4）科技优势。以华南农业大学、国家荔枝龙眼产业技术体系、四川农业科学院、泸州市农业科学研究院为科技支撑，建立了联盟合作关系。开发引进新品种42个，研发、引进、推广新技术6项，年培训农民1.2万人次，建立了26个乡镇农业科技推广站，完善了服务体系建设，建立了荔枝专家大院。

（5）体制优势。全县主导荔枝产业有省级万亩示范乡镇3个，国家级热作（荔枝）标准化生产示范园1个，建成规模化核心区5万亩，建立了以县主管领导、部门分管领导、乡镇主要领导为主的产业领导组，社会化服务体系等新型经营主体发展初见雏形。

（6）环保优势。合江荔枝属高大常绿乔木，大面积的荔枝园四季常青，利于改善生态环境，不仅改善土壤内部的水、肥、气、热状况和土地外部环境，还将提高土地和水资源的利用率，促进项目区水土资源的合理利用，减少水土流失和减少农业环境污染。荔枝建设将使赤水河、长江两岸的荒山荒坡绿化、美化，提高森林覆盖率，对防止水土流失、净化空气、美化环境有良好的生态效益。在农业部门监管下，荔枝生产日常农事活动避免高毒、高残留农药对环境的污染，保障了水源、耕地质量安全。

（7）市场优势。建成荔枝产地专业批发市场6个、省级龙头企业2家、农民合作社41个、冷链物流2个、电子商务平台20余家。

（8）政策优势。合江县委县政府确定合江荔枝稳定在30.6万亩，后期加强标准化管理和营销宣传投入。凡标准化连片200亩管护好的，每亩补助120元管护费；集中流转土地连片200亩以上发展荔枝，每亩补助300元种苗款；外销荔枝50万kg以上，分别奖2万～10万元；开发低效林用于发展荔枝，每亩再补助150元开发费。

合江县将紧紧围绕发展"30万亩"荔枝产业基地的目标，打造泸州市乃至四川省产业发展的亮点。一是加强创新技术推广、技术培训，创建荔枝技术学校，提高果农科学管理技能；二是强化市场开发，进一步扩展荔枝在省内外的销售市场，完善营销网络体系；三是培育扶持龙头企业，加强营销队伍建设，力推龙头企业+专业合作组织+大户+业主的产供销一条龙模式，建成国内领先的集绿色生产、科技研发、冷链物流、精深加工、文化旅游、富民增收的高端农业产业体系，实现城乡统筹、全域小康的目标，建成"世界晚熟荔枝之乡"。

供稿人：合江县农业农村局　黄光弟

（四）依托优异资源　铸就"大蒜之乡"
——四川省彭州市大蒜资源利用情况

四川省彭州市是中国五大蔬菜生产基地之一，其中大蒜种植面积近20万亩，大蒜销售收入占彭州蔬菜销售的1/3，是当地农民的重要收入来源。"彭州大蒜"是彭州市的特产，也是国家地理标志产品。彭州大蒜色泽艳丽、质地脆嫩、蒜香浓郁、品质优异，具有浓厚的农产品地域特色，不仅用于日常调味品，还可加工制成具有清热、解毒、消炎等功效的"蒜素针剂"。彭州得天独厚的良好生态资源，孕育了系列大蒜优异地方种质资源，依托生态与品种资源优势，彭州逐渐做大做强了大蒜产业，如今彭州已有"中国大蒜之乡"的美称，带动了蒜农增收致富，助推了乡村振兴。

1. 彭州具有发展大蒜产业的良好生态资源

彭州市位于四川盆地西北部，地处成都平原与龙门山地的过渡地带，平均海拔1 265m。地形地貌复杂多样，北部为山地，中部为丘陵，南部为冲积平原。属亚热带湿润气候区，具有春早、夏热、秋凉、冬暖的特点，四季分明，年平均气温16℃，气候温和湿润，雨量充沛，土壤肥沃，灌溉便利，无霜期长，适宜的地理气候环境有利于大蒜产业的生产发展。彭州大蒜在全国享有盛誉，深受消费者喜爱，彭州蒜薹具有色鲜嫩脆、香甜可口、蒜味浓纯、粗细适度等特点，彭州蒜头个大、饱满、味浓、质优，便于贮运，行销省内外，特别是独蒜甚至远销东南亚诸国。

2. 彭州大蒜拥有悠久的生产种植历史

大蒜原产西亚和中亚等地区，西汉时期由张骞自西域引入中国陕西省关中地区后，彭州就开始有少量种植。清代嘉庆十八年（1813年）《彭县志》第四十卷记载"蔬之属大蒜，蒜薹产万家庵（注：今隆丰镇境内）"，当时彭州大蒜已经得到较大发展，成为传统大宗农田经济作物之一。1978年十一届三中全会后，农村多种经营的迅速发展更促进了大蒜的生产。20世纪80年代，包括大蒜在内的蔬菜产业日益成为彭州农业的支柱产业之一，彭州大蒜种植遍及平坝地区并扩展到部分丘陵区乡镇。

彭州大蒜

3. 彭州孕育了系列大蒜优异地方种质资源

在彭州大蒜悠久漫长的种植过程中，先后演化出彭县蒜、二水早、青秆软叶大蒜、正月早、二季早、彭州迟蒜、软叶蒜等一系列优异地方种质资源。目前，彭州市种植的大蒜品种主要有二季早、彭州迟蒜、正月早、软叶蒜等优良品种。其中，2018年度各品种的种植规模：二季早13万亩、彭州迟蒜3万亩、正月早1.5万亩、软叶蒜1.5万亩。各品种的优良特点如下。

二季早：彭州市地方品种，主要作蒜薹或蒜头栽培。生长期230d左右。外皮紫红色，蒜头大小适中。株高约68cm，开展度约25cm，叶长约33cm，绿色，有蜡粉；单薹重约20g；假茎高约32cm，鳞茎扁圆形。耐寒，耐旱，抗倒伏。

彭州迟蒜：彭州市地方品种。又名桐子蒜，出口蒜薹品种之一。生长期240d，植株生长中等，株高60cm；叶直立，深绿色，蜡粉较多，叶长25cm，宽2.2cm；薹粗长，色略深；鳞茎圆球形，纵径3.2cm，横径3cm，外皮紫红色，10～12瓣，单鳞茎重15g；耐热、耐寒、抗病，适应性强；抽薹率高，品质细嫩，味浓、耐贮藏。于秋分至寒露播栽，谷雨采收蒜薹亩产400～500kg，小满收获蒜头亩产300kg左右。

正月早：彭州市地方优选早熟品种。生长期220d左右，主要作蒜薹栽培。蒜薹细嫩，味甜甘；蒜瓣辣味重，蒜氨酸含量236mg/kg、蒜胺含量168mg/kg。外皮紫红色，蒜头大小适中，瓣小，紧瓣，包瓣匀整，皮层少。株高约65cm，开展度约26cm，叶长约35cm，绿色，有蜡粉；单薹重约19g；假茎高约29cm，鳞茎扁圆形，高约2.8cm，横径约3.5cm，每个蒜头有蒜瓣9个左右。耐寒，耐旱，抗倒伏。

软叶蒜：彭州市地方品种，已栽培多年。不抽薹，可作蒜苗或蒜头栽培，是作蒜苗栽培的理想品种。品质香浓，辣味较少，质地细而微糯。生长期210d左右，植株生长势强，株高86cm，株幅15.3cm，假茎高41cm，粗1.5cm；全株叶片数15片，最大叶长46.6cm，最大叶宽3cm；叶片肥厚，叶色鲜绿有蜡粉，质地柔软，叶片上部向下弯曲，叶鞘粗而长；蒜头呈短圆锥形，外皮淡紫色，单头重25g左右。耐寒，耐旱，抗倒伏，耐贮藏。

蒜薹

4. 依托生态与品种资源优势，彭州逐渐做大做强了大蒜产业

彭州大蒜种植面积从1949年不足千亩发展到2018年的近20万亩，种植区已经遍及平坝地区并扩展到部分丘陵区乡镇，主要有隆丰、丹景山、葛仙山、敖平、军乐、天彭、致和、丽春、升平、通济等10余个乡镇，其中尤以"蒜薹之乡"隆丰镇为最，号称"中国大蒜、蒜薹第一乡"，种植面积达3万亩以上，占全镇耕地面积的90%以上，年产蒜薹1 500万kg、蒜头1 300万kg，其产量居四川省前列。

2001年9月，彭州市隆丰镇被中国特色产业之乡组委会评为"中国大蒜基地镇"；2002年10月，彭州市"隆丰"牌大蒜被四川·中国西部农业博览会评为"名优农产品"；2003年11月，彭州大蒜被中国绿色食品发展中心认定为A级绿色食品；2004年9月，彭州市创建"大蒜种植国家农业标准化示范区"项目通过中国国家标准化管理委员会验收，彭州市隆丰镇被评为"全国优质大蒜生产龙头乡镇"；2002—2005年，彭州市隆丰镇连续4年被中国特色产业之乡组委会评为"特产之乡先进单位"；2005年10月，中国国家标准化管理委员会正式授予彭州市"大蒜（蒜薹、蒜头）种植国家农业标准化示范区"；2006年，彭州市"隆丰"牌大蒜系列产品商标成功注册；2008年5月30日，国家质检总局发布2008年第64号文《关于批准对龙岩咸酥花生、新兴香荔、西牛麻竹笋、彭州大蒜、临泽小枣实施地理标志产品保护的公告》，批准对"彭州大蒜"实施地理标志产品保护。

目前，大蒜产业已成为推动彭州市农村经济发展和农民增收的一大重要支柱产业。如今彭州已有"中国大蒜之乡"的美称，彭州市依托大蒜地理标志品牌，把新技术融入常规传统种植环节中，实施无公害蔬菜的规范化、标准化种植，实现蒜头、蒜薹平均单产均达到500kg，亩产值3 000～4 000元，农民每亩纯收入2 000～3 000元，全市蒜头总产量达9 000万kg、蒜薹7 000万kg，总产值5亿元以上。同时，还带动了制冰、编织、运输等相关行业和餐饮服务第三产业的发展，促进大蒜的规模化、产业化发展，实现大蒜产业提档优化升级，带动了蒜农增收致富，助推了乡村振兴。

供稿人：四川省农业科学院经济作物育种栽培研究所　叶鹏盛、赖佳

（五）盐边桑椹的产业发展致富之路

四川省是蚕桑产业发展的重点省，攀西地区是四川省发展的重点区域，而盐边县则是攀西优势蚕区核心示范基地、省级蚕桑产业重点县，有着"中国果桑之乡"之称，种出的盐边桑椹外形、品质、口感俱佳，深受消费者喜爱。

20世纪八九十年代，盐边蚕桑产业为养蚕单纯种植叶桑，叶桑资源丰富，后来在叶桑资源中发现优质高产果叶兼用桑树品种，逐步发展果桑产业，将资源优势转化为经济优势，目前，盐边县桑椹已实现产业化种植与行业化销售，为县域农业经济发展带来了巨大效益，市场发展前景广阔。

1. 独特的气候和地理环境造就全国桑椹优质产地

如果要给全国每个产地的桑椹排名，攀枝花盐边桑椹肯定会排在前列。盐边地处大凉山区泸沽湖畔，属南亚热带季风型气候，昼夜温差大，阳光充足，全年日照3 000h，造就了盐边桑椹得天独厚的品质。

盐边桑椹生境

盐边桑椹产量高，果粒大，营养丰富，果汁多，甜而带有微酸味，富含氨基酸、维生素、β-胡萝卜素及花青素等，盐边桑椹可溶性固形物≥13%，花青素≥1 500mg/kg，符合《无公害水果》（GB 18406.2—2001）标准的安全要求；此外，盐边地区干雨季分明，在当地不会发生桑椹菌核病，而在其他果桑产区，桑椹菌核病是果桑产业毁灭性的病害，因此盐边县是全国两个不施用农药的果桑最佳发展区之一，"盐边桑椹"也取得了国家农业农村部农产品地理标志、绿色食品和有机转换认证，同时也是地理标志产品，保护范围包括四川省攀枝花市盐边县渔门镇、永兴镇、惠民乡、国胜乡、鱤鱼乡、箐河乡、温泉乡、红宝乡、格萨拉乡、共和乡、红果乡等11个乡（镇）。东到共和乡东界，南到红果乡南界，西到温泉乡西界，北到红宝乡北界。保护面积265 000hm^2，年产量11 000t。

2. 桑椹种植历史悠久，市场发展空间巨大

近年来，盐边县政府深入推进"三品一标"建设和农产品原产地保护认证，桑椹道地药材认证，充分利用"中国果桑之乡"等优势全力打造"山水盐边"公共区域品牌，不断提高知名度，壮大品牌效益，实现桑椹种植产业化，不断提升产业经济效益，开拓市场发展前景。

盐边县是一个多民族杂居县，境内居住着汉族、彝族、苗族、回族、傣族、纳西族等19个少数民族，有"八分耕地，一分水，九十一分林草坡"之称。盐边桑椹有历史记载就超过2 000年。公元4世纪，"南方丝绸之路"途经凉山、攀枝花，带来桑树种源，沿线人民受其影响开始栽植。明末清初年间发展迅速，民国初年桑树发展达到一定水平。据《宁属林产调查》记载，盐边常年盛产期的桑树30多万株，是宁属地区桑树栽植最多、发展最快的县。民国初年至20世纪70年代中期，盐边蚕桑业的发展停留在60万株，且多为实生桑品种，桑椹产量少、果粒小、酸涩味较重。20世纪80年代，盐边县委、县政府高度重视桑椹生产，依托地域优势及攀西独特的阳光、土壤及气候优势，引进良桑品种，扶持全县各乡镇大力发展桑树。1984年全县桑树种植113万株，面积1 100亩；1992年种植1 700万株，面积1.8万亩；到2010年桑树面积超6万亩，年产桑椹6 500余t，年产值达5 000万元以上。

20世纪末，盐边桑椹主要用于中药材、桑椹膏及桑椹酒等。近年来，盐边县加快了桑椹产业的发展，成立协会并组织商户统一收购鲜果进行集中加工、销售，产品远销北京、大连、重庆、成都、昆明等各大城市，主要流往果品食品领域，市场供不应求，深受消费者的青睐，市场前景广阔。

3. 桑椹种植产业化，助推区域经济大发展

现代研究证实，桑椹果实中含有丰富的活性蛋白、维生素、氨基酸、白藜芦醇和花青素等成分，综合营养远超过苹果和葡萄等水果，被医学界誉为"21世纪的最佳保健果品"。常吃桑椹能显著提高人体免疫力，具有延缓衰老、美容养颜的功效；而中医也认为桑椹味甘酸，性微寒，为滋补强壮、养心益智佳果。

桑果资源综合利用和产业化发展的潜力相当可观，发展果桑产业可提高蚕桑产业的综合经济效益，能够避免由于市场供求关系波动而造成对蚕桑种养殖产业的影响，促进蚕桑基地资源的开发利用和农村产业结构的调整，对实现精准扶贫、农业增效、农民增收具有重要意义。

盐边县政府牢牢把握桑椹产业化发展机遇，大力推进桑椹产业化种植。目前，盐边果桑面积达5万亩，果桑发展已遍及全县10个乡（镇）、82个村、366个合作社的2万余户农户。盐边果桑全产业链产值达4亿元，产值达9 000万元，果桑产业已成为盐边县重要的农业支柱产业之一。盐边县将紧紧抓住这一大好机遇，进一步发挥区位优势、气候优势，努力在规模化、标准化、品牌化、产业化发展上下功夫。

供稿人：四川省农业科学院蚕业研究所　黄盖群

（六）傈僳族遗产新山梯田红米稻，焕发新活力

通过第三次全国农作物种质资源系统调查发现不少名优资源，其中四川省第三调查队在米易县境内发现的梯田红米稻是其中非常有特色、有开发价值的名优资源之一。

米易县傈僳族乡新山村的梯田红米是傈僳族人们栽种了上百年的水稻老品种，经调查，新山梯田红米属于籼稻类型，米色红润鲜亮，米粒细小，营养极为丰富。主要栽种于新山村，风景秀丽，故可进行农旅融合产业化开发利用。具有巨大的潜在利用价值。

米易县傈僳族乡，海拔1 350～2 400m，约有78.7km^{2}的原生态环境，光照时间长，昼夜温差

新山梯田红米

大，利于谷物的灌浆成熟；土壤富含各种矿物质和多种微量元素，可以栽种生产原生态的有机红米。新山梯田经过世世代代傈僳族人的努力，他们把周围的山谷用石块砌起田坎开垦梯田，引来龙肘山上终年不断的清澈洁净的山泉水灌溉稻谷。

新山梯田红米品种是傈僳族先民在高山梯田垦植中由野稻逐渐驯化而成。古老的稻谷品种至今保留众多野稻基因，世代耕种延续至今。该品种稻谷不耐肥、抗病能力强，抗病耐寒能力强是其显著特点。并且因为其生长环境偏僻以及红米的生长特性，红米在种植过程中遵循自然耕种之道，因不能施过多的农家肥，产量不高，每亩产量不足400kg。经245d漫长生长，使得新山梯田红香米比一般的米更有韧性、更香、更有嚼劲。

红米稻灌浆期穗子

梯田难以应用农业机械，所以新山梯田红米还基本上采用傈僳族传统的耕作方式生产，这种近原始的耕种方式，已经传承了1 000多年，在育种、灌溉、冲肥等方面建立了一套系统完整的机制。

梯田红米稻收割现场

新山梯田红米是用傈僳族最传统方式加工的糙米，采用傈僳族传统的"水槌""碾房"加工方式冷加工制作而成的集色、香、味、营养于一体的纯天然保健红香米。当地人都知道新山梯田红米提气补血、延年益寿、老少皆宜。

据记载，在唐代开始至清末，当地土司就用新山所产大米进贡皇帝。

经检测，新山梯田红米营养极为丰富，特别是微量元素丰富，富含人体所需的18种氨基酸，人体所不能合成的8种氨基酸中，新山梯田红米就含有7种。微量元素锌、铜、铁、硒、钙、锰等含量也比普通大米高1/3，经常食用能促进儿童生长发育、智力开发，具有补血益气、温贤健脑，延缓衰老、延年益寿的作用，是实实在在的原生态绿色食品。它富含众多的营养素，其中以铁含量最为丰富，故有补血及预防贫血的功效。而其内含丰富的磷，维生素A和B族维生素，则能改善营养不良、夜盲症和脚气病等，还能有效舒缓疲劳、精神不振和失眠等症状。

梯田红米简易包装

每年4—5月，位于米易县新山乡的梯田开始注水，盛满水的梯田就像一面面镜子，折射出银色的光芒，景色壮美。大自然的鬼斧神工和勤劳的傈僳族先民，造就了仙境般的新山梯田，勾勒出地球上最美丽的曲线。优异的种质资源与壮美的大自然完美结合，成立农旅融合的公司，种植特色红米，对全乡的红香米种植进行统一规范，引进技术及设备对红香米产品进行进一步深度开发和特色打造，并结合优美的自然环境一起宣传和开发，在精准扶贫和乡村振兴方面具有重大利用前景。

供稿人：四川省农业科学院生物技术核技术研究所　余桂容

（七）博览会金奖产品合江真龙柚

1.合江真龙柚的由来

1942年，合江县密溪乡新瓦房村（原真龙乡瓦房村）四社村民杨建超老人的父亲从尧坝购入4株苗木，栽植在自家的院落里，后来因受病害及杨家修建房舍，仅有1棵树存活了下来。20世纪80年代，四川省泸州市经济作物站、合江县甜橙办和合江县经济作物站等单位开展泸州市良种柚提纯选优工作，发现杨家这棵树自花结实的果肉绿白色、肉质细嫩化渣、清甜多汁、口感极佳，具有很高的商品价值。后经分子标记等手段鉴定，该单株是广西"沙田柚"的优良芽变单株。

1988年10月15日，合江县城关区召开柚类果品鉴评会，真龙乡送评的柚子品质独占鳌头。1989年10月15日，城关区参加鉴评人员为该柚正名，由于产地属真龙乡，所以正名为"真龙柚"，再在"真龙柚"前面贯上产地县名，故得今名"合江真龙柚"。合江真龙柚从1989年以后，逐级上送参加鉴评会，于1995年获中国第二届农业博览会金奖，从此扬名在外，深受广大群众的喜爱。

发现这棵优异资源后，四川省泸州市经济作物站、合江县甜橙办和合江县经济作物站等单位，采用高压苗采摘接穗嫁接的方式，先后在合江县榕山镇、先市镇、九支镇，龙马潭区安宁乡等地试栽；1996年重庆市忠县引进接穗0.6万枝试栽；1997年开始规模繁育嫁接苗在合江县白米乡、尧坝镇等地栽培。

1995—2012年，几家单位先后在合江县、龙马潭区、纳溪区等不同生态区布置品种比较试验、区域试验和生产适应性试验。经过多年多代区域试验结果表明，该品种性状稳定，农艺性状优良。2013年11月通过四川省农作物品种审定委员会审定，编号：川审果树2013010。

2.合江真龙柚的特点

合江真龙柚树势中等，树冠圆头形。树姿开张，枝条披散、光滑、皮薄，春梢叶片椭圆形，叶尖渐尖，叶基广楔形，叶缘全缘、钝齿，叶脉凸起，叶片平展、光滑、质薄，叶色深绿色，叶柄长粗壮，翼叶倒阔卵形，翼叶与叶身有明显关节。总状花序，偶有单花，花为完全花，花较大，白色，五瓣，花丝粗，花药黄色，花粉多。

果实倒卵圆形，大小适中，平均单果质量920g。果颈较粗，较短，果梗深凹，有放射沟纹，果顶广圆，中心浅凹。果皮黄色，果面较粗糙，有乳状凸起，油胞中大，密生、平或微凸，有香气，海绵层白色、中等厚，易剥离。囊瓣梳形，每果囊瓣数14～17瓣，中心柱较充实，白色较硬，弹性差。果实汁胞绿白色，披针形，层次多，排列紧密整齐，脆嫩化渣、多汁、无核、无苦麻味，风味清甜，品质极佳，易裂果。可溶性固形物含量11.4%，总糖含量8.55%，总酸含量0.206%，维生素C含量717mg/kg，固酸比55.33，糖酸比41.5，可食率44.15%。果肉绿白色、肉质细嫩化渣、清甜多汁、口感极佳。

幼树1年抽生3～4次梢，管理好的可抽发晚秋梢；成年结果树抽生春、秋梢为主。

成年树以内膛春梢、秋梢为主要结果母枝。经异花授粉后，果实增大，种子数增加，坐果率高，果面光滑，不裂果，尤其以脆香甜柚、矮晚柚作授粉品种的真龙柚品质优，产量高，经济效益显著。

合江真龙柚一般2月下旬至3月初开始萌芽，4月初现蕾，4月中下旬开花，第1次生理落果期5月上旬，第2次生理落果高峰在6月上旬。春梢期3月上旬至4月中旬，夏梢期5月上旬至6月底，8月下旬抽秋梢。果实膨大期为7月初至8月底。果实9月上旬开始转色，10月下旬至11月上旬成熟。

3. 栽培规模

据2005年年末统计，密溪乡种植合江真龙柚面积达8 000亩，约20万株，当年有结果树5万株，产果100万个，估计当年产量90万kg。

由于合江真龙柚品质优良，发展十分迅速，现已扩种到重庆、贵州等数省（区、市），泸州市内江阳区、纳溪、叙永、泸县、古蔺等县区也有不同规模的种植，县内白米、望龙、九支、二里、先市、大桥、佛荫、榕山、凤鸣、虎头、合江、实录、甘雨等十余个乡镇都有种植，有的已具一定规模。

4. 存在的问题

由于受流胶病侵染，目前仅存的1棵母树存在损失的风险，加上技术条件及当地立地条件的限制，真龙柚仍然需要加大母树保护和产业开发的力度，当地政府应该充分重视保护地方优质资源和地方品牌。

真龙柚母树

供稿人：四川省农业科学院土壤肥料研究所　许文志

（八）猕猴桃资源为峨边产业发展助力

1. 峨边县生态环境与农作物种植情况

峨边彝族自治县（以下简称峨边县）地处西南小凉山区，生态环境优越，2016年列入国家重点生态功能区，是彝族美神"甘嫫阿妞"故里，人文积淀厚重，民族风情浓郁，是距离成都最近的彝族文化展示窗口。峨边旅游资源富集，黑竹沟风景区中外驰名，已建成国家级森林公园、国家级自然保护区、国家级水利风景区、国家AAAA级景区、四川省级生态旅游示范区。

峨边县主要经济作物有牡丹、竹笋、茶叶、核桃、花椒、藤椒、花白芸豆、中华猕猴桃、中药材以及蜡虫等，其中大堡白菜、宜坪萝卜、雪山豌豆、杨村贡米（红花香米）、勒乌洋芋（马铃薯）、杨河竹笋、万坪竹笋享誉川内外。鉴于峨边县特殊的地理环境及气候特点，其种植的农作物主要以玉米、水稻、马铃薯、甘薯、蔬菜为主，兼顾多种小杂粮。经济作物以核桃、水果、猕猴桃、魔芋、油用牡丹、中药材为主。全县马铃薯播种面积7.6万亩，蔬菜种植面积3.5万亩，中药材种植面积1万亩，水果种植面积0.59万亩，茶叶可采摘面积1.53万亩，魔芋种植面积1万亩，核桃产业基地9.5万亩，牡丹产业基地0.2万亩。

2. 猕猴桃优异资源

峨边县猕猴桃资源极为丰富，中华猕猴桃、美味猕猴桃、葛枣猕猴桃等不同种猕猴桃均有分布，此次在峨边县发现2份红心中华猕猴桃资源，其中1份果肉接近全红，另外1份果心部分着红色，极大地丰富了四川红心猕猴桃资源库，为今后四川省彩色猕猴桃育种提供了宝贵的材料。

野生红心中华猕猴桃果实及其横切面、纵切面

所发现的野生红心中华猕猴桃分类为中华猕猴桃，别名：阳桃、羊桃、羊桃藤、藤梨、猕猴桃，为猕猴桃科、猕猴桃属大型落叶藤本。幼枝或厚或薄地被有灰白色茸毛或褐色长硬毛或铁锈色硬毛状刺毛，老时秃净或留有断损残毛；皮孔长圆形，比较显著或不甚显著；髓白色至淡褐色，片层状。叶纸质，倒阔卵形至倒卵形或阔卵形至近圆形，花柱狭条形。果黄褐色，近球形、圆柱形、倒卵形或椭圆形，是中国特有的藤本果种，因其浑身布满细小绒毛，很像桃，而猕猴喜食，故有其名（李时珍《本草纲目》）。中华猕猴桃原产中国，栽培和利用至少有1 200年历史，是一种闻名世界且富含维生素C等营养成分的水果和食品加工原料。中华猕猴桃广泛分布于长江流域，多在北纬23°～34°的亚热带山区，如河南、陕西、湖南、江西、四川、福建、广东、广西、台湾等省（区）。

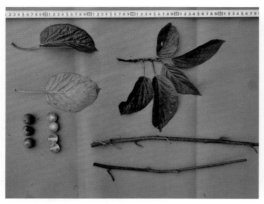

野生红心中华猕猴桃　　　　　　　　工作人员在采集标本

所发现的野生红心中华猕猴桃可为猕猴桃育种工作提供宝贵的材料。四川省彩色猕猴桃育种工作起源于20世纪90年代，尤其是'红阳'猕猴桃的出现，加速了四川省彩色猕猴桃的选育工作。四川省近30年来相继选育出'红阳''红美''红华''红实1号''红实2号''金实1号''龙山红'等优质品种。'红阳'也成了四川省猕猴桃的主栽品种，因其鲜果横剖面沿果心有紫红色线条呈放射状分布，似太阳光芒四射，色彩鲜美，故称'红阳猕猴桃'。但'红阳'抗溃疡病能力较差，尤其是在四川盆地海拔800m以上的区域，溃疡病爆发概率极高，一旦爆发在极短时间内就会毁园，常造成农户与业主重大损失。而此次收集到的野生红心猕猴桃的海拔在1 000m以上，虽红色素（花青素）含量不同，但在高海拔地区生长势较强，未发现明显病虫害，具有很大的育种潜力。对这几份野生红心猕猴桃进行扩繁、优株筛选、杂交育种，有望培育出适宜高海拔（海拔800～1 400m）生长、抗逆性较强的红心猕猴桃品种。

峨边猕猴桃产业发展具有"天时（晚熟优质）、地利（资源丰富）、人和（栽培基础）"的独特优势，所发现的猕猴桃资源可助力峨边猕猴桃产业的发展。

供稿人：四川省农业科学院园艺研究所　宋海岩

（九）茶树资源，都江堰产业发展和农民增收的好帮手

1. 都江堰市种质资源丰富

都江堰市旧称灌县，位于成都平原西北部，因秦国蜀郡太守李冰修建的都江堰水利工程而得名，被誉为"天府之源"。

都江堰地跨川西龙门山地带和成都平原岷江冲积扇扇顶部位，奇特的地形地貌及多样的生态环境，造就了都江堰地区丰富、独特的种质资源类型，也为本次调查工作提供了坚实的资源基础。已记录该区内的高等植物有3 012种，该区被中国科学院列为全国生

物多样性"五大基地"之一。其中，保存了许多第三纪甚至更古老的原始科属和孑遗植物，有稀有国家保护植物1级1种（珙桐）、2级10种（连香、杜仲、银杏、红杉等）。苔藓种类密集度高，达一二百种之多，为世界所独有。

2. 都江堰茶产业

都江堰自然资源得天独厚，茶叶是都江堰特色优势产业之一。经过多年发展，全市共有茶园种植面积3万余亩，种植区域主要分布在青城山、中兴、龙池、向峨等5个乡镇，是都江堰市沿山地区农民增收的途径之一。茶叶品种以名山131、福鼎大白茶、四川中小叶群体种、福建水仙、梅占为主，年产茶叶鲜叶5 600余t，干茶产量1 200余t。现有青城茶叶公司（省级）、贡品堂茶业公司（省级）、茗门良匠茶叶公司（成都市级）、青城乌龙茶叶公司（成都市级）、百朝乌龙茶叶公司、程氏茶叶公司、龙泉清茶叶公司等7家企业从事茶叶生产加工与销售。其中尤以青城山种茶历史最为悠久、质量上乘，"青城四绝"之青城茶叶闻名遐迩，久负历史盛名。

都江堰茶叶农产品地理标志的保护范围为都江堰市向峨乡、大观镇、青城山镇、中兴镇、玉堂镇、蒲阳镇、灌口镇、紫坪铺镇、虹口乡、龙池镇、天马镇、胥家镇等12个乡镇。

都江堰市茶产品以绿茶、红茶、边销黑茶、乌龙茶为主。名优绿茶产品具有外形条索自然微卷，色泽黄绿带毫；香气清香带栗香，持久；滋味鲜爽醇和；汤色黄绿明亮；叶底匀齐，黄绿明亮等优点。都江堰茶叶内含成分丰富，品质指标优异：茶多酚≥20%，水浸出物≥40%，蛋白质≥30g/100g，氨基酸总量≥3%，维生素C≥200mg/100g。

老鹰茶

3. 茶树资源

都江堰市茶树资源丰富，除了栽培的茶树良种，还分布了较大面积的四川中小叶群体种和野生茶树资源。四川中小叶群体种是一个天然的茶树基因库，对于茶树遗传多样性保护具有重要的意义。近年表现优异的许多栽培品种就是从川中小叶群体种中单株选育而成，如紫嫣、特早213、名山131、川农黄芽早等。而随着近年茶产业的发展，当地也在推进茶树良种化进程，许多老茶区纷纷将川中小叶群体种换种良种茶树，使得川中小叶群体种的面积在逐年降低，有的茶区甚至消失了。四川中小叶群体种虽然芽头短小、不匀整、产量不及良种且夏秋多紫芽，但制出的茶叶具有香气浓郁、滋味浓厚回甘的特点。

都江堰市野生茶树资源极为丰富，乔木型、小乔木型、灌木型等不同种茶树均有分布。此次在都江堰市共发现7份小乔木型、灌木型野生资源。这几份野生茶树资源分布在玉堂镇龙凤村原始保护林中，从海拔942~1 007m呈垂直分布，周围伴生大乔木、灌木（竹）等。这7份野生茶树资源，属于小乔木类，大中叶种茶树，树形直立，生命力顽强，抗性优异。其中一株较大的野生茶树分布在海拔995m处，呈倒状匍匐生长，生存环境十分恶劣，亟须予以保护。在调查过程中，从当地农户口中询问得知，当地野生茶树资源以前较多，但农户缺乏保护意识，砍伐严重，截至目前所剩不多了，而随着海拔高度的增加，也有少量的野生茶树资源分布，需更深入调查收集。

通过这次在都江堰市的资源收集调查，发现了更多的都江堰市茶树资源，这将为今后四川省野生茶树开发及相关研究提供宝贵的材料。

野生茶

供稿人：四川省农业科学院茶叶研究所　王小萍

（十）北川苔子茶　百年古树茶

北川苔子茶，是野生茶树在北川羌族自治县特定的环境长期生长、进化形成的一个特有品种，均是百年以上树龄的古茶树，最高年限有700年左右的。该品种生长于海拔1 000~1 800m以上的高山密林之间，受昼夜温差大、云雾多、直射日照短等自然环境影响，形成了耐寒、芽壮、叶厚、氨基酸含量高等特性。北川苔子茶中，儿茶素占茶多酚的60%～80%，酯型儿茶素占儿茶素总量的70%～80%，茶叶内含物搭配合理，氨基酸含量高，制成的茶叶滋味醇厚、香气浓郁、耐冲泡，是加工制作各类茶叶产品的优质原料。1989年被认定为省级地方良种。

北川苔子茶主要分布于北川羌族自治县的曲山镇、擂鼓镇、陈家坝、桂溪等11个乡镇。现有种植面积5万余亩，茶叶年产量500万kg以上。2009年"北川苔子茶"被国家质量监督检验检疫总局认定为"国家地理标志保护产品"。

北川苔子茶古茶树与云南古树相比，各有特色。北川古茶树属灌木及小乔木中叶种古茶树，有较大规模。云南古茶树为乔木、大叶种、典型的山头茶。因此，成规模的灌木、中叶种古茶树是任何地方都无法复制的独特茶资源，是北川茶产业发展的核心竞争力，符合联合国粮农组织"世界农业文化遗产"保护的条件。

北川是典型的高山峡谷地带，茶叶多生长在800～1300m的高海拔区，该区域常年云雾缭绕、昼夜温差大，从而促进优良内质的形成。

北川苔子茶多为百年的古茶树，从生物进化角度上来看，上百年能生存下来，说明茶树品种优良，加上百年古茶树的根系已穿透土壤层，到达岩石层，根系能吸收大量岩石中的矿物，从而形成了独特的高山韵味，茶汤甘甜可口。

北川苔子茶受传统采摘影响，只采春茶，不采夏秋茶，从而形成内含物丰富、耐冲泡的特点。另外，北川海拔高，年平均气温在24.5℃，低温使茶叶生长缓慢，也是内含物丰富的原因。

北川高山植被覆盖率高，生物多样性丰富，高山昼夜温差大。害虫生存繁殖能力较弱，虫害少。森林覆盖率高达78.6%，生物多样性好，茶园害虫的天敌多，病虫防治基本做到了不施农药。

北川山区没有发达的公路网，远离城镇及工业区，废水废气排放体很少，重金属对茶园的影响极小。

老茶树

老茶树长的嫩芽

北川羌族自治县是传统的边销茶产区，当时以"苔子茶"为主要原料生产的园包茶、方包茶（四川边茶、西路边茶）为主，产品销往藏区，深受消费者喜爱。

北川羌族自治县积极发展茶叶产业。一是以龙头企业+合作社+大户+农户+基地的模式带动茶农增收，共带动5 000余户农户，贫困户200余户。带动农户年增收1 500元。对于较偏远的地区，公司组织大户收购茶叶鲜叶，并给予大户20%的补助。公司与金鼓村、红岩村贫困户签订了长期的收购协议，协议中提高收购价20%，达到脱贫增收致富。二是建设茶叶初制厂，优先收购贫困农户的鲜叶，且价格高于市场价20%，解决了贫困户鲜叶销售问题，达到脱贫增收致富。三是建立大师工作室，培训茶产业从业者，带动茶农脱贫致富。工作室为贫困村桂溪镇云兴村培训了25名手工茶从业者，为该村建设"北川手工茶制作第一村"打下基础；工作室还为全县培训70名手工茶从业者，促进贫困人员就近就业。一方面他们可以在茶叶加工企业就业；另一方面，他们也可以利用学到的手艺自己做手工茶销售，获得收益。以擂鼓镇盖头村为例，学员以手工茶为特色吸引游客，开办农家乐，间接带动就地就业80人。四是以发展茶叶+旅游产业为主，充分发挥自然、生态、品种、技术优势，形成规模化、特色化、标准化、品牌化产业生产经营模式，经济效益显著，将为项目区实现茶树与名贵苗木共同发展起到示范和影响作用，示范引领和辐射带动周边乡镇、村、社农户大力发展茶旅结合，改善传统生产结构和生产方式，促进当地农户把优势、特色、质好、附加值高的产业发展为农业主导产业，增加农业产值和农民收入，加快贫困地区农户脱贫致富奔小康，加快推进现代农业产业结构调整，为全县经济社会持续发展提供有力支撑，确保农民持续增收致富。

供稿人：北川羌族自治县农业农村局农作物种子管理站　李志娟

（十一）苍溪雪梨　梨中之王

苍溪雪梨广泛分布于四川省广元市苍溪县，覆盖全县39个乡镇，种植面积约6万亩。苍溪雪梨品质优良，抗病性强，较抗虫，产量高。果大心小，汁多味甜，肉白如雪，入口即化。果实特大，平均单果重472g，大者可达1 900g；果心中大或较小，可食部分高达90.4%；果肉白色，脆嫩，石细胞少，汁多，味甜；含可溶性固形物10.7%～14%，可溶性糖7.62%，可滴定酸0.70%，维生素C含量为2.88mg/100g，品质中上。

苍溪雪梨品质优良，具有很高的利用价值，除作为鲜食水果外，还可用于加工制作雪梨汁、雪梨糕、雪梨酒、雪梨罐头以及烹制菜肴等，苍溪雪梨在苍溪县农村经济发展、旅游开发、农民增收致富、相关产业延伸开发、地方特色经济产业中发挥了重要作用。

苍溪雪梨在苍溪已有近2 000年的种植历史。陆游晚年在《怀旧用昔人蜀道诗韵》中有"最忆苍溪县，送客一亭绿。豆枯狐兔肥，霜早柿栗熟。酒酸压查梨……"等描述。明洪武十四年（1381年）《广元县志》称"梨中最佳者，施家梨，种出苍溪"。清光绪二十九年（1903年），苍溪县令姜秉善将施家梨奉为贡品，清廷始作为贡梨而推崇。《四川简阳、苍溪与西康汉源之梨》载："苍溪梨果肉细密，白如雪，洁似玉，果汁丰富，具强烈香气，味甘美，食之清爽无渣。其品质之优美，远于他梨之上，加工制罐，烹制佳肴，提炼膏饴，润肺化痰，消炎理气，清心明目，补脑增智，有特殊效益。"《陕西果树志》载："苍溪雪梨果实极大，肉脆、汁多、味甜，品质上等。"《四川果树特辑》载："苍溪雪梨成林经营者，当推陶友三氏园。"

四川苍溪梨研究所以苍溪雪梨为亲本选育的优良新品种苍梨5-51、苍梨6-2，于1991年通过省级品种鉴定，在苍溪县大面积推广种植，新品种果肉洁白，细嫩化渣，心小汁多，酸甜爽口，香气浓郁，每100mL果汁含糖8.70g、酸0.09g、可溶性固形物14%~15%，耐贮运，鲜食加工皆宜。该项目技术荣获1992年度四川省科技进步奖三等奖。

1989年，苍溪雪梨被评为国优水果。1998年，苍溪县被授予"中国雪梨之乡"称号。2002年，苍溪雪梨在中国西部农业博览会上获得"名优农产品"证书，被誉为"砂梨之王"。2008年，原国家质量监督检验检疫总局批准苍溪雪梨实施地理标志产品保护。2010年，苍溪雪梨被评为"中国十大名梨"。

苍溪雪梨植株　　　　　　　　　　苍溪雪梨果实

雪梨产业是苍溪县历史最悠久、生产规模最大的传统特色产业。改革开放以来，苍溪大力发展庭园经济，雪梨作为苍溪县的名优水果，得到了迅猛发展。梨树栽培规模一度稳定在15万亩以上，受益人口占农业总人口的75%。目前建成年产果100万kg以上的乡镇20个，年产量500万kg的乡镇3个，年总产量10万t，产值3.6亿元。发展梨基地乡镇7个、专业村40个、专合组织10个、核心园区2个，建成科研基地1个。先后引进宝清集团、青春宝公司等加工型龙头企业，开发雪梨浓缩汁、雪梨膏、雪梨饮料等系列加工产品，远销欧盟、美国、荷兰和日本等十多个国家。

随着"农业+旅游"新业态的兴起，苍溪县也将乡村旅游+农业、文化+农业、休闲+农业等模式应用到苍溪雪梨上。苍溪县栽种雪梨树900多万株，每年3月梨花漫山遍野。近年来，苍溪县利用苍溪雪梨这一独特优势资源，大力发展以"赏梨花、品雪梨、住农家"为主的生态乡村旅游。此外，当地还注重挖掘、传承和展示梨文化，建有中国·苍溪梨文化博览园。博览园现有百年老树202棵，虽历经沧桑，仍枝繁叶茂，果实累累，单株产量高达350kg，实属罕见。

从2003年起，利用梨花盛开的时候，每年3月18—25日举办"中国·苍溪梨花节"，梨花节成为展示苍溪形象的一张"名片"和经济贸易交流盛会，还举行雪梨采摘节，以提升雪梨品牌，扩大雪梨市场影响力。

苍溪雪梨梨花

供稿人：四川省农业科学院经济作物育种栽培研究所　叶鹏盛、赖佳

（十二）高阳贡茶　脱贫攻坚和乡村振兴茶

在"第三次全国农作物种质资源普查与征集行动"中，旺苍县发现了一系列优异的种质资源，最具地域代表性和地方特色的是高阳贡茶。

1. 旺苍县基本情况

旺苍地处四川盆地北缘、米仓山南麓，辖区面积2 987km²，县辖38个乡镇（街道）、352个村，总人口53万人，其中农业人口35万人。旺苍属亚热带季风气候，气候温和，雨量充沛，为茶树生长提供了丰富的光热和水资源。境内地形差异明显，属北部高寒山区向南部中低山过渡地带，地势落差大，垂直气候明显，昼夜温差大，非常有利于茶树体内干物质的积累。土壤多为黄壤、黄沙壤，酸碱度适宜（pH值4.0～6.5），非常适合茶树生长。土壤中硒（>0.3mg/kg）、锌（≥55mg/kg）等微量元素含量高，利于富硒、富锌有机茶的开发。

2. 高阳贡茶描述

高阳贡茶主要种植于四川省广元市旺苍县高阳镇，种植面积约2 000亩。茶叶优质，色翠、香郁、味醇、形美；茶树抗病、抗虫、抗旱、抗寒冷、耐瘠薄，高阳贡茶历经千年，但仍然生长旺盛。

旺苍特殊的自然禀赋，孕育茶叶"色翠、香郁、味醇、形美"的独特品质。中国农业科学院茶叶研究所副所长鲁成银研究员赞誉高阳贡茶制作的米仓山茶"鹅黄汤，板栗香"，参加2011年"茶·有机·低碳"国际学术研讨会的联合国粮农组织政府间茶叶工作组秘书长常恺松（Kaison Chang）盛赞米仓山茶"色香味俱佳，堪比西湖龙井"。

高阳贡茶营养成分为水浸出物≥7.45%，氨基酸含量≥3.6%，含锌量0.55mg/kg，含硒量≥0.3mg/kg，尤其茶中锌、硒含量明显高于省内外其他产区。

高阳贡茶外形美观、营养丰富、色翠汤绿、香郁味醇、经喝耐泡，喝后苦尽甘来、回味无穷。富含氨基酸、硒、锌等有机物质，有清心、明目、润肺、延缓衰老之功效。

高阳贡茶是制作米仓山茶的上乘原料，米仓山茶先后获得"中茶杯"一等奖、四川"十大"名茶、中国驰名商标、四川名牌产品等殊荣，成为国家地理标志保护产品、全国首批质量安全可追溯产品，为"广元七绝"之一，与峨眉山、蒙顶山和宜宾早茶共同形成了全省名茶"三山一早"产业格局，在旺苍县高阳镇脱贫攻坚和乡村振兴中发挥了重要作用。

3. 高阳贡茶产业发展情况

高阳贡茶历史悠久，文化底蕴深厚，汉、唐时代就被列为朝廷贡茶，唐代大诗人杜甫曾赞誉"巴山茶为圣，高阳味独珍"。

2014年，高阳镇的古柏、双午、关山3个贫困村，建档立卡贫困户371户1 240人。茶叶采摘对体力要求不高，符合当前农村劳动力结构的特点。为打好脱贫攻坚战，助力农户脱贫致富，高阳镇依靠独特的地理优势大力发展茶叶产业，走出了一条发展茶叶产业助农增收的脱贫致富之路。

高阳镇将"科学规划是关键，产业发展是核心，基础设施是保障，文化提升是灵魂"的建设思路融入园区建设，以高标准、高规格、高水平打造以茶叶为主的现代农业园区。现有茶园16 500亩，其中绿茶15 600亩、黄茶900亩，茶叶标准化基地3个，整合汉王山、大茅坡文化、贡茶文化、党建文化等资源对园区文化进行设计，提升园区品位。

同时，为切实推进脱贫攻坚进程，推动旅游产业突破性发展，高阳镇积极发展产业园区聚集，通过园区示范带动助农增收。为进一步探索农旅结合发展模式，拓展农业效能，提升农业效益，多渠道增加群众收入，镇党委、政府引进茶叶加工企业4个，将茶叶产业打造成"公司+基地+农户"订单农业，修建茶叶博物馆1处、旅游接待中心1处，培育家庭农场9家、电商3家、农家乐3家、茶叶生产大户47户，茶叶加工大户18户，组建茶叶专业合作社6个，观光体验和休闲娱乐为一体的茶旅结合发展模式现已初具规模。

依托高阳贡茶等本土传统优质茶树资源，同时引进国内优良新品种，旺苍县茶叶产业得到了长足发展。全县茶园面积达20.3万亩，主要分布在高阳镇、木门镇、五权镇等26个乡镇。目前，全县共有龙头企业14家（其中国家重点龙头企业1家）、专业合作社95个（其中国家级示范社2个）、家庭农场60个（其中省级示范场6个）。2019年，全县茶叶产量6 800t（其中春茶约4 000t、夏秋茶约2 800t）、实现综合产值15.3亿元以上，带动茶农户均增收9 000元以上。旺苍县被国家农业农村部认定为全省首个全国绿色食品原料（茶叶）标准化生产基地，成功创建为中国名茶之乡、全国有机产品认证示范区和四川省茶叶产业基地强县。

高阳贡茶

供稿人：旺苍县农业农村局　黄秋香

（十三）达川安仁柚　美美新家园

达川安仁柚主要分布于达川区安仁乡，核心种植区面积1万亩，辐射带动葫芦乡、大滩乡、花红乡、檀木镇、麻柳镇、万家镇等6个乡（镇），94个行政村，种植面积已达4.6万亩。

达川安仁柚是达州独特的地方品种，因产自安仁乡而得名，有300多年的种植历史，11月中旬成熟。其果实中型，扁圆形；果顶广平，柱点凹；果基部稍窄，有放射状浅沟；果皮较薄、黄色、光滑，油胞中大、微凸，香气浓郁；海绵层白色，中心柱中大、充实；囊瓣肾形，不整齐，囊衣白色；果肉蜜黄色，汁胞较短、紧密、细嫩多汁，脆嫩化渣，味甜较浓，尾味略带轻微苦麻味。品质优良，综合抗性好，丰产性高。

近年来，达川区将安仁柚这一当地特有、特优的种质资源进行产业化开发，融入乡村振兴战略和产业扶贫开发，纳入全区38个重点项目和农业发展"5+5"特色工程开发，并注册"达安"商标。2015年以来已成功举办以"品安仁风味、助脱贫攻坚"为主题的达川区"安仁柚采摘节"4届，邀请当地父老乡亲和社会各界人士走进安仁乡品安仁柚、听长沙话、看板凳龙（安仁"三绝"，2018年8月，安仁乡被四川省文化厅命名为2018年度"四川省民间文化艺术之乡"——板凳龙之乡），帮助果农增收致富，助推精准脱贫工作，助脱贫攻坚，园区年接待游客总量力争过3万人次，实现乡村旅游增收600万元。2016年11月2日，农业部批准对"达川安仁柚"实施国家农产品地理标志登记保护。

达川安仁柚基地种植面积已达4.6万亩，全区3万亩盛产期可实现年产安仁柚6万t，年总产值达2亿元以上，安仁柚产业作为农业经济新增长点正逐步凸显。

安仁柚在当地脱贫致富和经济发展中起到很大作用。

一是建成安仁柚母本园500亩。在安仁乡五通庙村老基地开展选优提纯工作，通过走访调查、实地观察、性状记载、品质鉴评、产量测评的方法，筛选出优质安仁柚母树单株，对优质安仁柚母树进行保护。

二是建成安仁柚种苗园100亩。在安仁乡五通庙村选择基础条件较好的地方采取酸柚或枳作砧木，按亩植1.3万～1.5万株砧木定植，砧木嫁接成活一年后，再按每亩4 000～5 000株进行假植两年后定植，苗圃出大苗到种植基地栽植。

三是建成安仁柚示范种植园2 000亩。采取集中连片，配套建设路网、水网等基础设施，实行标准化建设、标准化管理、矮化密植、果实套袋。形成大滩乡—安仁乡—开江县城公路沿线两边安仁柚产业带。

四是建成安仁柚专业村。由安仁柚发展项目领导小组牵头，聘请专家和技术人员，按照"加快、率先"的要求，进一步优化安仁柚产业发展规划；合理规划区域布局，以安仁、葫芦、大滩、麻柳、檀木、花红、万家等乡镇为核心，按照"规模化、集约化、标准化"的要求，建成一批安仁柚乡（镇）和安仁柚专业村50个，形成由一大批大户支撑的安仁柚产业发展格局，依托企业和专业合作社，推行"企业+基地+专合社+农户"的模式，集中、连片发展安仁柚。

五是完善基础设施，形成独特的产业景观。梳理产业道路，形成生产、观光环线；布局景观设施，尽量避免对产业的过多干预破坏，植入安仁文化，充分挖掘安仁"三绝"，将来自于安仁的柚子、板凳龙以及安仁话，融入旅游元素；整治河流，打造生态滨河景观，融入亲水活动设施，带动乡村旅游，激活产业生命力，建成园区自行车道、观光塔、生态停车场、绿色长廊、管理用房、生态湿地游步道、亲水栈道、生态湿地区、鱼塘垂钓平台、采摘休闲亭等特色节点区。

六是对果品进行精深加工，使其产品多元化。柚子酒、柚子茶、柚子蜜饯、柚子精油等产品不断延长产业链，提高柚子的附加值，以品牌效益带动柚子经济大发展，更好地带动农民增收致富。

达川安仁柚是川东唯一较大规模种植的地方性柚类良种，已成功举办以"品安仁风味、助脱贫攻坚"为主题的达川区"安仁柚采摘节"4届，为进一步促进果农增收致富，打造乡村旅游，安仁柚产业园区目前正在筹备申报省级产业示范园区。

达川安仁柚

供稿人：达州市达川区种子管理站　孙洋

三、人物事迹篇

（一）踏遍苍山溪水　寻尽特优种质

　　金秋时节，正是农作物种质资源普查与收集的关键时节，四川省苍溪县农作物种质资源普查与收集行动小组在周兵带领下，为寻找当地特优种质资源，踏遍了苍山溪水的各个角落。

　　苍溪县地处四川盆地北缘、大巴山南麓之底、中山丘陵地带，境内南低北高、山脉绵亘、沟谷交错、地形复杂，立体气候特别明显，各类古老、珍稀、特色、名优的农作物地方品种和野生近缘植物种质资源大都分布在深山和密林之中。复杂的地形地貌导致本次普查与收集工作的难度之大和复杂程度之高，是前所未有的。作为本次行动的第一责任人，苍溪县种子管理站的周兵，深感责任重大。

　　农作物种质资源是国家关键性战略资源，而苍溪仅地方水稻、大豆和高粱3种作物就有36个资源品种列入了国家资源目录库。大量有价值的品种资源仍然留存在于苍溪民间，濒临灭绝、没有入库保存，而且苍溪县各种地方特产及野生资源十分丰富，通过本次普查和收集，正好可以大大丰富全县农作物基因库。同时，苍溪县也急需在现代种业上下功夫，提升全县种业和农业的核心竞争力。面对千头万绪的工作，周兵认为，只要带着使命、带着责任、带着感情去工作，求真务实、协同作战，就一定能取得普查与收集任务的圆满成功。

周兵（右一）带队在双河乡龙寨村收集本地红芋品种资源

按照行动要求，苍溪县农业农村局要在2018年4月完成方案制订；各乡镇要在5月底以前完成辖区农作物种质资源基本情况摸底调查，上报本地的古老、珍稀、特有、名优种质资源品种30个以上；苍溪县农业农村局要在6月开始到各乡镇开展调查与抢救性收集工作，把品种资源寄送到四川省农业科学院保存；11月底以前填写好相关表册，录入国家农作物种质资源库（圃）；12月形成全县性的种质资源普查与收集报告，向四川省农业农村厅种子部门进行专题汇报，全面完成既定的目标任务。时间紧、任务急、责任重、要求高，工作进入挂牌作战状态，一切进入倒计时。

周兵作为种业战线上的一名"老兵"，自2003年到苍溪县农业技术推广站工作，一年至少有1/3的时间奔走在田间地头，工作经验相对丰富，对于本县农作物种质资源也有比较深入全面的了解。他深知，这次普查是继1956年、1981年之后的第三次全国性普查，距上次普查已经时隔37年之久，全县的农作物种质资源早已发生了很大变化。特别是近年来，随着气候、自然资源、种植业结构和土地经营方式等的变化，导致大量的地方古老、珍稀、特有、名优种质资源品种在不断消失，野生近缘植物资源也因其赖以生存繁衍的栖息地遭受破坏而急剧减少，本县的农作物种质资源也同样家底不清，工作开展压力大、困难重重……

为了拿到翔实的数据，周兵总是以身作则，带领工作队员数十次到相关部门详细搜集和核查数据；数百次走村入户，深入田间地头，与当地知晓稀有植物品种的老农民、土专家探讨和交流；背上帐篷、铺盖卷、GPS定位器、相机等进入深山老林，吃住在山里好多天；带上笔记本到图书馆、阅览室翻阅了大量资料；到野外、工作室做反复地观察和对比；现场拍摄照片数千张……从春暖花开，到夏日炎炎，再到秋风扫落叶，行动小组的队员们踏遍了全县30多个乡镇的山山水水，累了、瘦了、病了，但队员们的热情却依然高涨。半年以来，累计行程超过5 000km，走访调查1 000余人，收到有价值的线索200条以上，共征集有实用价值的品种资源50多份。

周兵在运山镇龙井村察看黑黄豆品种资源

供稿人：苍溪县种子管理站　周兵

（二）旺苍珍稀濒危老品种的守护与传承

为摸清旺苍县农作物种质资源家底，抢救性收集各类农作物的古老地方品种、种植年代久远的育成品种、重要作物的野生近缘植物以及其他珍稀、濒危作物野生近缘植物的种质资源。2018年4月，旺苍县制定了《农作物种质资源普查与收集行动实施方案》，旺苍县农业农村局组建由专业技术人员构成的普查工作组，设立专门办公室，分别开展农作物种质资源普查与征集、系统调查与抢救性收集工作。金秋时节，是农作物收获季节，普查工作小组成员开始样本收集工作。

1. 守护老品种

又是一年稻谷飘香时，普查工作小组成员一行5人驱车来到海拔1 200m的旺苍县国华镇山寨村，远远望过去，种在山坡上的一片稻谷金灿灿的，与葱绿的群山相映成趣，风吹过，掀起层层金浪。

稻田边上，山寨村向财宗老人抹了抹脸上的汗，笑得合不拢嘴："这片稻谷叫科金矮，目前已种五六十年了，每年我家都种植三四亩，今年我家种了科金矮稻谷3亩多。"眼前这片看似普通的稻谷如今却成了向财宗眼里的香饽饽。

科金矮稻谷，由于生长在海拔1 000m以上的高山冷水田，所以稻米耐煮，蒸煮前需浸泡，而蒸熟后的米饭色香味浓，口感润爽。种植过程中不使用化肥、农药，是纯天然无污染的大米。

今年67岁的向财宗老人，是国华镇山寨村有名的种稻能人。据他介绍，科金矮稻谷是本地几十年来流传下来的，在抵御自然风险方面有独特优势。该品种的抗性强，它的种植不仅不依赖化肥、农药，化肥用多会倒伏，天生就适合生态生长。科金矮更能适应干旱、多雨等极端气候，旱涝保收，没有现在的新品种那么脆弱。

据了解，科金矮稻谷，株高110cm左右，穗长12.4cm，其谷呈椭圆形，比普通稻谷小、粒稍短。一般亩产400～500kg，但稻米市场售价比普通大米高0.6～1.0元/kg。

"老品种，不只是品种，还包含着情感，我一直要种下去，守护好它们！"这是向财宗老人和我们交谈时说的。一直种植至今的地方老品种，从大集体生产到包产到户，浓缩了一代人的集体记忆，反映了当时的饮食特点与经济发展状况，包含了许多非言语所能表达的特殊情感。

"科金矮谷不依赖化肥、农药，既保护生态，也对身体好，还传承了当地的稻作文化，一举多得，真是好东西。"国华镇山寨村党支部书记介绍，"这个老品种是我们祖祖辈辈种植留下来的，有感情了；还有是因为这个老品种有它自己的优点，味道好，特别香，口感很好，吃过忘不了。我村常年种植只有几十亩了，100亩不到，占总面积的1/10。为了这个事情，镇政府很支持，支持我们去种老品种，增加了我们种植的积极性，让人们更能接受老品种，吃上生态米。"

2. 珍稀濒危品种

从国华镇山寨村驱车一路前行，我们来到了水磨乡广福村，村主任谭开益带着我们爬上海拔1 600m的山坡，一块不足50m²的洋芋地出现在眼前。

"这就是我们种植了五六十年的八宝洋芋，它的长相和普通洋芋没什么差别，都是长椭圆形的。不过，口感上比普通洋芋更绵。"谭开益介绍，"目前，我们村只有这里有了，由于该品种只能生长在高海拔、土壤地质条件非常好、土层疏松深厚的地方，并且产量低，大家不愿意种了，快要消失了。"

据了解，八宝洋芋生育期长，3月播种，9月才能收获。不耐肥，它的外表皮是淡黄色的，富有光泽，产量低，一般亩产500～750kg，口感好，风味独特，大人小孩都喜欢吃。

八宝洋芋生境　　　　　　　　　八宝洋芋块茎和植株

"八宝洋芋名字由来，我们也不知道，既然是祖辈留下来的，有它自己的优点，味道好，口感很好，人们喜欢吃，我们就要保护它。"谭开益介绍，"我们村是贫困村，村里准备把它当产业发展，去探索研究开发成洋芋产业，让八宝洋芋走出大山，为脱贫致富服务。"

3. 不能让老品种消失

让老品种延续下去，不断发现、挖掘、提取老品种身上优质的基因为现代农业服务意义重大。不可否认老品种在产量上比现代杂交种低，许多人不愿种，老品种利用这项事业尚处于投入高、见效慢的阶段。但老品种作物口感好，风味独特，特色鲜明，也有着无可替代的优越性。并且随着人们生活水平的提高，人们想吃"这一口"的愿望愈加强烈，从这些方面看，老品种也蕴含着无限商机。

据了解，截至目前，在对全县35个乡镇普查中发现，优质、抗病、耐瘠薄等特性突出的地方品种丧失速度明显加快。以单一作物水稻为例，80%的水稻地方品种已在2000年以后逐步消失，而其他主要作物地方品种的"消失"情况与水稻基本一致。

"我们要进一步收集和保护好全县古老、珍稀、特有、名优的农作物地方品种和野生种质资源。"普查领导小组组长刘文义介绍，目前，在全县35个乡镇开展各类农作物种质资源的全面普查，基本查清了各类作物的种植历史、栽培制度、品种更替等信息，以及重要作物的野生近缘植物种类、地理分布、生态环境和濒危状况等重要信息。在此基础上，征集各类古老、珍稀、特有及其他濒危野生植物种质资源34份。刘文义介绍，在抢救性收集中，发掘出了一批优质、抗病、抗逆、有特殊营养价值的特优特异种质资源，如发现了万山乡种植于山坡地的"鲜桃"、水磨乡的"硬壳南瓜"和麻英乡的"花玉米"，这些古老的地方品种，抗病强，种植历史超过百年，对品种改良具重要利用价值，我们一定要保护好、守护好。

供稿人：旺苍县农业农村局　张明广、黄秋香

（三）一生守护一"草"

——记线麻资源保护者甘在志

我国是苎麻起源地，也是世界上栽培和利用苎麻最早的国家，外国人称之为"中国草"。据史料记载，大竹县种植苎麻的历史可追溯到3 000多年前的商周时期，苎麻种植历史悠久。随着社会的发展，大竹县苎麻地方品种逐年减少。就在地方品种逐渐消亡之际，甘在志，一个从事基层苎麻工作39年的技术人员，从未停止对地方苎麻品种的保护和推广。

2018年，"第三次全国农作物种质资源普查与收集行动"（四川省）启动，当甘在志知道我们在征集当地名优特农作物时，他兴奋得睡不着觉，第一时间联系了我们，推荐了大竹县优质的仅存的地方苎麻——线麻。

在甘老师带领下，我们来到了种植线麻比较多的石河镇桂峰村1社，甘老师在田间地头详细向我们讲解了线麻的特点与优势，并讲述了发现线麻的过程。

线麻，又名"白麻""竹青麻"。1983年，甘在志在石河区进行苎麻生产技术指导下村走访中，发现王启荣家的地头有一块苎麻，是祖辈遗留下来的品种，主人称其为"白麻"，在当地也叫线麻。线麻剥离后纤维青白色、质地柔软，花红斑疵少，品质优良，适宜于纺纱。1984年，大竹县苎麻品改，甘在志作为技术骨干大力推广线麻，到1988年全县发展线麻1万余亩，价格涨至16元/kg，线麻被农户称作"摇钱树"。可是好景不长，1990年苎麻价格降低到6元/kg，造成麻田大量改种粮食作物或杂交麻新品种，大竹线麻受到严重威胁。到2012年，大竹线麻品种留存极为稀少。为了保护大竹线麻这一地方品种资源，打开市场销路，1991年开始，他亲自多次前往重庆市隆昌县、荣昌县，大力推介线麻的优点，由于该品种质地柔软，可以纺纱织布，直接出口韩国各地，线麻受到客户的推崇喜爱。每年客户直接到农户家采购线麻，其价格也比当地其他苎麻品种高出一倍。因此，部分麻农重新种植线麻，线麻品种得到保护。1998年，甘在志又到大竹麻厂专设线麻单独加工生产线，并大力宣传发展线麻。从1973年参加工作以来，甘在志一直在基层从事苎麻试验、示范、推广及品改工作，从未间断。因为工作业绩突出，甘在志多次获得表彰：1987年被大竹县评为科技致富能手；1988年他主持的项目获农业部苎麻丰收奖三等奖、1995年获四川省农牧厅科技进步奖二等奖。2012年退休后，他仍致力于大竹县苎麻地方品种——线麻的宣传、保护工作。目前，线麻已在大竹县石河镇种植1 000亩以上。一生守护一"草"，甘在志用他的实际行动，保护大竹县优质苎麻长久种植。

甘在志（左3）在田间地头讲解

供稿人：四川省大竹县种子管理站　叶明瑛

（四）探索奋进，收集保护种质资源

——四川省第一调查队项超

1. 不辱使命，勇担重任

2018年4月，自四川省"第三次全国农作物种质资源普查与收集行动"启动以来，项超博士作为四川省农业科学院豆类种质资源与遗传育种专家，积极投身于四川省种质资源普查与收集工作中。项超博士参与起草《第三次全国农作物种质资源普查与收集行动四川省系统调查与抢救性收集工作实施方案》，参编了《四川省农作物种质资源普查与收集指导手册》，参与组建5个调查小组与7支调查队，搭建咨询交流信息平台（四川种质资源重点QQ群、四川种质资源重点县系统调查微信群、四川省农业科学院种质资源调查微信群），组织出征仪式与总结会等统筹安排工作。"种质资源普查与收集是一项'功在当代，利在千秋'的重要工作，非常庆幸有机会能参与到此次普查行动中来，不仅锻炼了自己的协调工作能力，同时也非常开心能认识研究不同作物种质资源领域的专家，为他们服务，向他们学习！"这就是项超博士参与种质资源普查与收集的感受。

2. 翻山越岭，捕获种质

2018年9月，项超博士带领第一调查队赴都江堰市实地开展资源系统调查与抢救性收集工作。通过与都江堰市农业农村局种子站陈辅早站长等地方负责人座谈，了解到都江堰野生茶树、野生猕猴桃、豆类及玉米等种质资源相对较为丰富，但很多种质资源均分布在山区。座谈后，第一调查队全体队员及农业农村局相关工作人员毅然决定，向山区进发，搜寻濒危种质资源。在全队队员共同努力下，在都江堰共收集到珍贵资源107份，总行程约1 200km，其中为收集野生茶树、野生猕猴桃种质资源步行约4h。

项超博士爬山收集野生魔芋种质资源

3. 兢兢业业，恪守本职

作为豆类种质资源接收与鉴定专家，项超博士还需要向四川省162个普查县在豆类种质资源收集过程中提供技术支持，接收普查县提交的豆类资源。豆类种质资源一般可分为大豆、蚕豆、豌豆、小豆等22类，由于地方收集工作人员对豆类种质资源分类并不是特别了解，不知道该如何分类，易分错类，因此项超博士经常需要与地方收集工作人员进行电话、微信、QQ沟通，确保分类正确，多时一天需要接打30多个电话、回复上百条的信息。虽然工作繁重，但项超博士依然乐此不疲，认为能收集到如此丰富多样的豆类种质资源，将对四川省乃至全国豆类资源研究产生深远影响。2018年，项超博士团队共接收整理豆类种质资源856份。

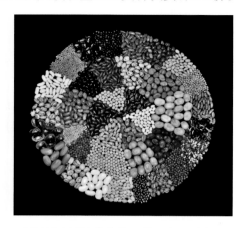

项超博士团队收集整理的豆类种质资源

供稿人：四川省农业科学院 项超、张娟

（五）二队摄影师
——年轻的老童

2018年9月，"第三次全国农作物种质资源普查与收集行动"四川省第二调查队承担了四川省彭州市的农作物种质资源系统调查与收集任务。童文，是调查队的摄影师，大家都叫他老童，不是因为年龄大，而是敬佩他野外科研经验丰富。他是四川省农业科学院从事中药材研究的副研究员。平时喜欢照照相、拍拍片，然后在群里发给大家欣赏。只要受到大家点赞，他就显得非常开心，如果再有人跟他讨论两句，他就可能到你办公室坐一坐了，典型的乐天派。这次农作物资源调查收集因为不涉及中药材资源，正好让老童当我们队的摄影师。

秋高气爽的第一天，朝阳刚从地平线那头的云层中伸出来半个头，我们就在四川省农业科学院作物研究所大门口集合准备出发了。就在大家正欣赏云卷云舒的时候，老童穿着一身黑色冲锋衣，背着一个大背包，左手拿着尼康D90，右肩扛着三脚架走了过来。调查队到达彭州市以后，当天下午开展的调查与收集工作就小有收获，一共收集杂粮、蔬菜等农作物种质资源17份。这可就辛苦老童了，他要用相机逐一拍摄记录。先是测光，然后选择好机位，架好脚架，力求每一张图片都清晰，

体现出丰富的细节。因为每一种作物的形状、大小不同，想要拍好，必须随时调节机位、焦距、曝光度等参数，所以拍摄较慢。一直拍到傍晚来临，天边烧红的晚霞也渐渐暗去，曝光度快不够了才把所有资源按照规定要求拍摄完毕。大家在吃晚饭的时候，发现老童匆匆吃几口就回房间了，都不与大家交流讨论，真是一个怪人啊！

第二天一大早，老童嘴里叼着馒头，找到了叶鹏盛队长，提出了一个要求。他说要求配备一个助手，配合他整理摆放标本，这样可以提高拍摄效率。最后队长安排代顺冬同志配合老童整理摆放标本。我们都很不解，照相还需要助手，这不是浪费人力资源吗？事实证明，代顺冬做的这个配合工作很有意义，往往老童刚拍摄完一份资源，他就把队员收集到的另一份资源标本准备好了，简直是无缝衔接啊！当天战果丰硕，收集到了28份资源，较第一天足足提高了64%。晚饭刚刚吃完，老童又匆匆回房间了。这时大家才发现，今天老童怎么没有用相机脚架了？

第三天我们收集了29份资源……老童偶尔揉揉腰！

第四天……老童偶尔坐一坐！

……

第七天，任务圆满完成，超出大家预期，我们调查队一共收集了135份宝贵的种质资源。傍晚，大家回到了成都，信心满满地准备迎接下一次的资源调查任务。

过了几天，偶然听说老童住院了，我们大家去看望他，才知道这次外出资源调查的第一天，老童就发现了拍摄效率慢且视角变形的问题。为了提高拍摄效率、照片质量和增加灵活性，老童第二天放弃了使用脚架，一直弯着腰拍摄，基本是连续拍摄。调查任务完成回来后第二天就住进了医院进行腰肌劳损治疗。在医院里，我们从秘书赖佳那里了解到老童每天吃了饭就先回房间的原因。我们每天平均收集20份农作物种质资源，且不谈大量增加的备选照片，老童按规范要求都需要拍摄上百张照片。每天吃完晚饭后，老童还要在他的电脑上筛选、整理、剪切、归类照片，同时为每一张照片编号。我们听完后沉默了，心里的敬佩之情无以言表！

供稿人：四川省农业科学院经济作物研究所　童文、叶鹏盛、赖佳

（六）勇担使命觅资源　路远崖险皆不惧
——记四川省第二调查队队员代顺冬

农作物种质资源被喻为农业科技原始创新、现代种业发展的"芯片"，是保障粮食安全、建设生态文明、支撑乡村振兴、满足国民营养健康需求的战略性资源。当得知四川省农业科学院将组建"第三次全国农作物种质资源普查与收集"四川省调查队时，代顺冬主动请缨，加入了四川省第二调查队。

2018年9月和12月，由四川省农业科学院经济作物育种栽培研究所、作物研究所、土壤肥料研究所、园艺研究所、水稻高粱研究所、生物技术核技术研究所和蚕业研究所的粮油、经作、果树、蔬菜、绿肥、牧草等领域10位专家组成的"第三次全国农作物种质资源普查与收集行动"四川省第二调查队先后两次到彭州市进行系统调查和收集农作物种质资源。代顺冬以蔬菜专家身份参加了这两次系统调查和收集行动，在调查队中主要负责种质资源线索寻访、样本采集整理、数据录入等工作。

优异种质资源往往存在于地理位置偏远、交通不便之处，每当获知某处可能有优良种质资源时，不管需徒步多远，代顺冬定会去核实清楚，以确保重要资源在本次调查收集中不被遗漏。他在双埝村徒步约3km，先后寻访了12人，最终确定彭州市隆丰镇双埝村6组尹显德家的"二季早"为自留种约70年的正宗彭州大蒜。经专家评审，彭州大蒜被认定为2018年十大优异农作物种质资源。

2018年12月5日在葛仙山镇熙玉村，当调查队获知熙玉村2组有皮色乌红、口感脆甜的特色资源乌红李时，大家兴奋不已，而当大家到达现场发现熙玉村2组仅有的乌红李树位于悬崖边时，感到无比遗憾。考虑到该资源的优异性，代顺冬自告奋勇，爬上悬崖边的乌红李树采集了枝条样本，成功收集到了乌红李资源（采集编号：2018512107）。同样，在彭州市三界镇北泉村15组、红岩镇虎形村13组，他也通过爬树方法，成功采集到了柿子（采集编号：2018512070）、枇杷（采集编号：2018512096）等种质资源。代顺冬采用的"抱紧树干、缓慢上移"爬树方法，虽保障了自身安全，但同时也会导致他皮肤多处擦伤，可是一旦有资源需要采集的时候，他那兴奋的眼神和资源采集时忘我的神态，好像又忘记了疼痛。

一天，调查队早上7时按时从住处出发，晚上9时过后才回到住处，开完当天总结会与第二天工作安排会后已经是晚上11时左右。"代哥，你今天还在不停流鼻涕、咳嗽，早点休息吧，完善调查表数据和信息录入的事就交给我们吧。"调查队秘书赖佳说道。"不行啊，本来都这么晚了，如果我先休息了，大家可能深夜1点钟都完不成啊。"代顺冬回答道。说着，他就打开电脑，拿起一叠种质资源收集调查表，又开始了数据录入工作。

代顺冬在2018年种质资源调查中，走访了11个乡镇21个行政村，寻访到67条种质资源关键线索，采集了48份种质资源样本。他作为"第三次全国农作物种质资源普查与收集行动"四川省第二调查队的普通一员，用活力、热情及汗水同四川种质资源普查与收集人一起谱写着"第三次全国农作物种质资源普查与收集行动"的四川篇章。

种质资源线索寻访　　　　　　　　种质资源样本采集

供稿人：四川省农业科学院经济作物研究所　童文、叶鹏盛、赖佳

（七）建言献策当助手　冲锋陷阵排头兵

——余桂容同志工作纪实

1.学习政策技术好，备战出征兴趣高

当第三次全国农作物种质资源普查和系统调查的任务布置下来，大家意识到种质资源的重要性和任务的艰巨性。四川省农业科学院按照农业农村部的要求，组建了7个调查队。每个调查队由几大相关业务所的所长挂帅亲自指挥这场硬战。余桂容同志积极主动担当了第三调查队的秘书工作。作为科研骨干的余桂容同志利用晚上和周末节假日时间加班加点完成其他科研任务，挤出时间认真学习和研究关于本次农作物种质资源普查和系统调查及抢救性收集行动的相关政策文件，积极参加农业农村部和四川省农业农村厅组织的相关培训会，熟悉整个行动的技术规程，以饱满的激情投入到前期准备工作中。

当第三调查队第一次出征米易县时，余桂容同志考虑到队员里面没有一个人具备实战经验，总怕搞不好这项涉及多学科多环节的工作，就抽空前往有实战经验的其他团队成员张娟处学习为种质资源标本、生境等拍照的注意事项以及摄影技巧等知识。带领第三调查队出征前还主动请缨，参加第六调查队在古蔺县的种质资源调查与收集，全程学习实战技术和经验，回来再把相关事宜及注意事项培训第三调查队队员，出征后带领队员保质保量完成每个环节的具体工作。

2.建言献策当助手，收集优质资源乐开怀

各类古老、珍稀、特色、名优的作物地方品种和野生近缘植物种质资源大都分布在深山密林之处，这导致此次普查与收集工作的任务之艰巨、难度之大、复杂程度之高，真是前所未有。每次行动前，秘书余桂容同志都总结上次的经验，并考虑规划整个团队的队员培训、人员分工、后勤保障、财务管理、工作日志等环节，总是建言献策将工作安排得井井有条，杂而不乱，高效推进。每当发现有价值的品种资源仍然留存民间，濒临灭绝、没有入库保存时，大家兴奋不已，赶紧收集起来，堪比捡到金子与宝贝，内心充满愉悦感。

四川省各地地方特产及野生资源十分丰富，通过本次普查、系统调查和收集，可以大大丰富四川省农作物基因库，提升全省种业和农业的核心竞争力。余桂容同志带着使命、带着责任、带着感情与全体队员一起工作，求真务实、协同作战，两年时间跑遍米易县、珙县以及长宁县。在全体队员的努力下，排除万难，圆满并超额完成任务。共收集到379份种质资源。其中蔬菜181份、果树50份、粮食作物98份、经济作物

米易县树龄600多年的地方品种奶桑

44份、牧草2份，其他资源4份。

余桂荣用随身携带重约2kg的相机为110份珍惜种质资源留下了美好的瞬间，记录着这些资源的形态、生长环境、发展历程，仿佛在与它们对话交流。她工作认真，从不马虎，为了获得每份资源有价值的照片，她从不同角度拍摄，展示资源的美，图片美观大方，符合要求，有时还要站在凳子或梯子上俯瞰摄影，汗珠时不时从面额上掉下来，流的是汗水、担的是责任、享的是乐趣，一个字"值"。若将所有照片连成一片，那就是一幅美丽的风景画。在阴雨潮湿的天气一干就是连续多天，每天下来腰酸背疼，手脚麻木，晚上还要整理照片，直到深夜才松口气。虽然一天的劳作十分辛苦，但余桂荣心里却乐滋滋的，以能为种业的发展贡献一份力量而感到自豪。

米易县本地南瓜资源（左一余桂容）

3. 牢记使命不负韶华，鉴定利用资源谱新篇

种质资源是"中国人的饭碗"，资源收集回来，接下来是资源深度发掘和鉴定利用。余桂容同志不管在资源收集还是在保存工作中都冲锋陷阵，勇于担当，主动承担了农作物种质资源中玉米资源的保存、鉴定等工作。

供稿人：四川省农业科学院水稻高粱研究所　冉茂林

四川省农业科学院生物技术核技术研究所　余桂容

（八）踏遍川山觅瑰宝　喜得资源遍满仓
——记四川省第四调查队黄盖群

阴雨绵绵，寒风瑟瑟，接连几天下雨，路面早已变得湿滑不堪。面对愈加恶劣的天气，"第三次全国农作物种质资源系统调查与抢救性收集行动"四川省第四调查队如火如荼地开展着普查工作。此次普查，不同于以往任何一次资源普查，时间紧、任务重、涉及面广，无论是制定普查计划、协调相关工作，还是配发物资、协调动员，都有这么一个人，他默默付出、带头苦干，在泥泞路上相互扶持，激励我们一路前行，他就是第四调查队队员——黄盖群同志，面对如此繁重的普查工作，黄盖群同志都全程参与、亲自把关，确保资源普查工作有条不紊地开展。

出发前几天，黄盖群同志就提前在网上查阅目的地的天气状况，及时提醒小队成员注意保暖，并准备各种预防感冒以及急救的医疗用品，用心保障每位队员的生命安全。

普查期间，人员不足，工作繁冗，为了完成工作任务，黄盖群同志主动承担主要任务，发挥模范带头作用，以身作则，配合普查任务，提前学习普查手册，及时掌握各种表格填写、录入软件操作，按时完成信息登记工作，提前与当地政府沟通衔接，制定工作计划，在交流过程中鼓励大家各抒己见，集思广益，更好地发挥了团队协作作用。

黄盖群同志做事谦逊稳重，在普查过程中正确向老百姓解读普查政策，营造和谐普查氛围。在完成普查任务的同时，也不忘关心队伍中年长的老师，全方位照顾大家。黄盖群努力提升自身业务素质，积极做好组织协调工作，合理用人，发挥专长，做活思想工作，充分调动普查的积极性，合理发挥每位队员的优势，确保普查工作高标准、高质量开展。

他还主动承担了队员们的吃住重担，每次路途中利用休息时间为大家提前预订房间，每当面对别人的感谢与夸赞，他都谦虚有礼地笑着说："这是我应该做的"。他时常提醒我们要注意身体，自己却总是不知疲倦地忘我工作，长时间坚持"白+黑"的工作模式，白天不仅完成自己的调查信息表，还协助其他队员拍照、登记、整理、收纳等工作，晚上一回到酒店就马不停蹄地将白天收集到的资源整理分类，加班加点查校当天普查数据。

经过十几个日日夜夜的辛苦努力，普查期间完成了玉米、高粱、小麦、大豆等248份农作物种质资源系统调查与抢救性收集。此次普查工作的圆满完成，既归功于第四调查队全体队员的齐心协力、艰苦奋战，也离不开黄盖群同志的默默付出，认真仔细地落实好每一项普查工作，在普查过程中表现出高度的责任感和求真务实的工作作风。

资源调查中的黄盖群

供稿人：四川省农业科学院蚕业研究所　唐清霞

（九）不忘初心　全心全意做好资源调查收集事
——记四川省调查队张娟

"叶子正反面，横纵切面，这是5号猕猴桃的生境……"张娟边翻看相机里的照片边碎碎念，"这张6号黄瓜的标签牌不对，时间应该是八位数字连写，马上重拍……"

这是张娟在"第三次农作物种质资源系统调查与抢救性收集行动"四川省启动一个月以来参加的第3个调查队的调查行动，国庆节后出发的调查队也早已将她列入名册。拍照的工作她已经熟悉，整个调查工作的流程也很清楚，不仅要按照工作手册拍齐每个作物的相关信息，还要通过镜头检查标签牌的书写，以及标签牌、记录本和调查表三者信息互相对应。每个队出发前都要召开准备会，会上不仅要讲解工作队任务，进行队员分工，还要交流之前出发队的经验。而张娟的首发经验，特别是首发队总结会上，她及队友分享的经验，帮助第一次开展工作的小队更好地分工协作，她不仅承担了拍照工作，还有各项工作间的协调，帮助小队提高了工作效率。

"调查表和样本采集由各作物专家负责，我平时除了课题项目还有办公室工作，所以申请负责五队的拍照工作。"这是2018年8月28日四川调查队首发队出发会议上，张娟在队员分工时的发言，从那之后，她参加的每个组都由她负责拍照。在"第三次全国农作物种质资源普查与收集行动"项目办公室高爱农和胡小荣两位老师的培训会上，她认真了解调查队工作内容及大致流程后，加上平时喜欢手机拍照，就希望自己到时候能分工拍照。所以在首发队分工会前，她就提前学习手册，一字一句阅读，学习其他项目的调查经验，记事簿详细记录拍摄工作内容及要求，首发队出征后紧跟着国家项目办两位老师现场学习拍摄，向专家求证各作物拍摄要点。外出调查，白天入户走村进山，拍摄大量素材，晚上回到酒店整理照片，进行调整、剪切、分文件夹保存、一一编号等后续工作，有时白天路途耽搁，晚上回到酒店得先拍照再做后续工作，遇到条件不好的住宿点，打光、调整角度等又要花费很多时间。

为了不打扰同住老师休息，外出调查的时间里，她常常是在酒店的厕所里连夜处理照片，因为每天的照片素材太多，特别是作物的生境，只有当天归纳才最为保险。2018年8月31日那天，5号南瓜和6号南瓜的生境各在同一块地的东、西边缘，二者最大的差别就是果实形状。白天她反复确认，强记区别，晚上归类时还是不确定，一看时间，已经快凌晨1点，第二天7点半要出发，这时候也不能打电话咨询采样的老师。最后，她通过放大两张照片，翻来覆去，查看细微差别，在其中一张照片里发现露出一角的南瓜，才确定了两张照片的归属。待第二天一早向采样老师确认后，才放下心来。

野生作物往往都是很好的资源材料，而它们又生长在地势险峻之地，因此很多时候会去到偏僻山林，浓雾弥漫、两三米就不见人影的彝乡山坡，身旁就是悬崖的无名山林，大多要靠队员们的双脚双手开路，一手持树枝，一手拉拽路边藤草，小心翼翼上下。有一次回到车里，手上不知何时爬上了血蛭，吓得她惊呼救命，一动不动，可到达目的地，她又立马挎上相机，迅速进入状态。每次外出调查结束，同行司机师傅都会开玩笑说："小张妹儿，你这次又减了几斤肉。"在她看来，作为成员里的年轻小辈，拍摄任务，她最合适。

每个调查队外出调查都是一周时间，每天都是早上7点半出发，晚上八九点回来。回到酒店，还要补拍照片、

资源调查工作中的张娟

分类归纳等，基本上都是凌晨才能洗漱。所以，她养成了上车秒睡、停车秒醒的习惯，借着行车间隙迅速补觉恢复体力。种质资源调查很辛苦，但她甘之如饴。她的心中牢牢记着四川省农业科学院副院长杨武云研究员的话："这是功在当代、利在千秋的大好事，我们能有幸参与其中，一定要全心全意，要以对历史、对子孙后代负责的态度做好它。"她认真细心，接连出征，就是希望至少在自己负责的拍照工作上，能留下对以后的科研工作哪怕有一小点帮助的图片资料，真正地做到不忘初心、牢记使命。

供稿人：四川省农业科学院　张娟、项超

（十）资源普查走进民族地区　分工协作保障高效运转

农作物种质资源四川省第七调查队由四川省农业科学院作物研究所、土壤肥料研究所、生物技术核技术研究所、经济作物研究所、水稻研究所、茶叶研究所、蚕业研究所及园艺研究所8个科研单位的近20名调查队员联合组成。其中资源大咖宋占锋研究员和团队后勤宋海岩博士表现出色，让人印象深刻。

1. 资源大咖——宋占锋

四川省农业科学院园艺研究所宋占锋研究员是第一位主动要求加入第七调查队的专家。调查队组建初期，园艺研究所江国良所长就组织各位专家召开动员大会，明确各位专家的专业领域、任务分工和物资调配。宋占锋老师是四川省的辣椒产业专家，也是一名认真负责的辣椒育种家。在两年多的调查工作中，他始终冲在第一线收集线索和资源，以专业的眼光和严谨的态度辨别每一份种质资源。每次调查行动结束，队伍里蔬菜种质资源的数量都是排在第一位，宋占锋老师可谓是"资源大咖"。除此以外，他还主动承担了园艺研究所部分特色蔬菜的繁育工作，以饱满的工作热情带动着队伍中年轻的专家成员。

资源调查中的宋占锋

2. 团队后勤——宋海岩

四川省农业科学院园艺研究所宋海岩博士在第七调查队中负责后勤保障工作。2017

年参加工作以来，他一直从事果树种质资源的收集、保存和评价工作，还协助园艺研究所专家建设"国家西南特色园艺作物种质资源圃"，在资源调查工作方面积累了许多经验。因此，宋海岩主动在队伍中承担起后勤保障工作。在第七调查队工作的两年多时间中，他总是提前为队员准备好所需物资、联系向导、安排餐饮和住宿等工作，还承担起后期资源分类工作。后勤工作繁琐但不平凡，宋海岩等一批年轻人的细心工作保障了团队的高效运转，保障了每一份资源能够最终交到对应的专家手中。

资源调查中的宋海岩

供稿人：四川省农业科学院园艺研究所　宋海岩

四、经验总结篇

（一）宜宾市叙州区第三次全国种质资源普查工作纪实

　　四川省宜宾市叙州区，又名僰道，是四川省宜宾市辖区。位于四川盆地南缘，长江上游，金沙江、岷江下游，川滇两省结合部；地形南北长、东西窄，地势西南高、东北低，西部为大、小凉山余脉，南部为云贵高原北坡，东北属盆中方山丘陵区，介于北纬28°18′～29°16′、东经104°01～104°43′。区境南北长，东西窄，南北最大纵距108km，东西最大横距69km。叙州区属亚热带季风性湿润气候，年平均气温为18.4℃，年降水量1 011.5mm。年日照时数1 069.9h，无霜期平均350d左右，森林覆盖率为34.1%。叙州区辖2街道19镇3乡，453个村，64个社区，辖区总面积为2 570km²，2017年人口101万人。

　　适宜的气候条件造就了丰富的物种资源，有著名的自然野生资源'千年茶树'、'千年荔枝'、奇树'秋花树'和地方品种'茵红李'等。常年粮食作物播种面积130.17万亩，油料作物播种面积24.85万亩，中草药材播种面积1.00万亩，蔬菜播种面积11.00万亩；2016年粮食产量52.07万t，油料作物产量3.64万t，烟叶产量0.39万t，蔬菜产量31.20万t，茶叶产量0.56万t，园林水果产量10.00万t，中草药材产量0.19万t。

叙州区资源普查动员大会现场

1. 资源普查数据收集中充分发挥老同志的新活力

普查工作中，为把各项数据查证得更准确，叙州区农业农村局专门安排熟悉各部门情况的同志，查阅《宜宾县农业志》《宜宾县志》《宜宾县年鉴》等有文字记载的历史资料，无数次走访统计、国土、民政、水务等部门，不厌其烦地登门拜访县委县政府和其他相关部门退休老同志。老同志们对此次资源普查工作也非常热心，有的甚至找出珍藏了五六十年的笔记本来查阅、核对数据。截至2018年11月8日，已经圆满地完成了1956年、1981年、2014年3个时间节点普查数据的录入上报和纸质资料填报。

80多岁的退休老同志胡介良查阅几十年前的笔记找数据

2. 品种征集中突出重点抓特色

在这次的普查工作中，叙州区农业农村局认真领会国家、省、市开展第三次全国种质资源普查与征集工作的精神和目的，在收集到的200条各方面品种信息中，进行一一核实，最后按程序和要求填表登记了60个品种，按时完成取送样品和征集表报送。整个品种征集过程中，我们始终坚持"濒危、珍稀、特色、古老"的原则，不为了完成任务而滥竽充数地增加品种数量，经普查组综合分析认为较有价值的是收集的24个主要农作物品种，水稻、玉米各12个，这些品种里有些非常有特色，如有的产量很高甚至接近杂交种，有的抗性非常强，种植过程不用施肥打药，有的质量口感独特出众；地方特色李子资源1个；珍稀古老资源，包括树龄2 060年的茶树资源和树龄1 510年的荔枝资源各1个；药用小黑豆1个。现场拍摄实物图近1 000张。

叙州区特色资源千年古茶树

特色品种'红花米'查找现场

3. 多措并举进度快

（1）领导重视。2018年4月27日成立了宜宾县（现叙州区）第三次种质资源普查与收集行动工作领导小组，成员由农业农村局党委书记、局长何学其（组长）、分管种子工作总农艺师罗吉才（副组长）、涉及此项工作的11个站（股）的负责人、全县26个乡镇农业中心主任等39人组成，同时印发了《宜宾县农作物种质资源普查与收集行动实施方案》。在整个普查与收集工作中，何学其和罗吉才多次深入荒山野岭，顶着似火的骄阳和普查组同志一起实地核实品种生长情况、分析土壤类型、登记品种信息等；各站（股）配合默契，对普查工作几乎做到了有求必应。

（2）精心组织。四川省任务下达以来，叙州区种子管理站担当起了普查与收集工作的核心责任，把普查与收集工作进一步细化，把工作分为室内数据查找收集、室外品种收集两部分。资料普查工作，安排有经验并熟悉各部门工作的同志查阅县志、农业志等，同时协调、拜访老同志、收集历史资料和录入系统等；室外品种信息查找核实工作主要由技术组同志承担，把工作任务、工作内容、质量要求等细化明确到相关单位和人员，使各自知道应该干什么及完成时间。26个乡镇农业中心人员主要负责与村社干部沟通、收集、核实更广泛的地方品种信息。农技、茶叶、果树、蔬菜等重点站（股）默契配合，充分发挥自身业务优势，积极查找品种源。

（3）实干加苦干。根据良种化进程规律来看，越偏远的地方越有可能有要找的资源。自2018年4月27日成立工作领导小组后，普查组成员在5—7月的3个月时间里，几乎天天下乡核实各方面提供的线索。由于公车改革后，单位车辆严重不够用，种质资源普查工作几乎都是租车下乡。如在商州、蕨溪、凤仪等这些边远乡镇调查，除了车能到的地方，来回还得走三四个小时的山路，有时为了看一个品种还要在乡镇住，好多时候从山上下来要下午两三点钟才能吃上午饭，确实很辛苦。但大家都没有任何怨言，

2018年9月3日叙州区农业农村局党委书记、局长何学其主持阶段总结会

靠的是我们完成任务的信心与决心。有时候也采取了一些笨的办法，就是到边远乡镇去赶场，像大海捞针一样地找，同样有收获。这次普查工作中，我们共收集到了各方面品种信息200条，而且对每一条信息都到现场进行了核查，从中筛选出60个有价值的地方优质品种进行取样填报。

（4）发动群众。在实际工作中，除了苦干、实干外，还在于巧干，巧干才能出效率。在普查与收集工作中，单靠普查组成员的力量是有限的，还得充分挖掘社会各方面的力量，包括全县400多名种子经营者、村社干部、熟人和亲戚朋友等，通过这些渠道给我们提供了大量有价值的线索。由此，在边远的凤仪乡找到了几个产量高、抗性好的地方玉米品种，在蕨溪镇顶仙坝海拔近千米的地方找到了种了几十年的优质的本地常规中稻'红花米'品种。

（5）经费保障。为了更好地开展第三次全国种质资源普查与征集工作，保质保量及时完成上级下达的任务，叙州区农业农村局高度重视并及时召开专题会议研究，在人

员组合、资金安排上给予最大保障，除上级拨付的10万元外，还专门从非常有限的资金中抽出20万元作为这次普查工作的配套资金，解决了由于地域广、路途远、耗时多等经费不够的问题。

经过这次资源普查工作，发掘了一些好的东西，也感到本地农业品种资源虽非常丰富，但有些濒危资源面临灭绝，有些特色资源还没有发挥其利用价值，因此，如何对资源进行有效的保护利用，还需要逐步形成一个完善的有效机制。

供稿人：四川省宜宾市叙州区农业农村局　张其升

（二）旺苍县开展种质资源普查与收集行动做法及成效

旺苍县是"第三次全国农作物种质资源普查与收集行动"的普查县之一。普查工作从2018年4月初正式启动，经过5个月的努力，目前普查工作已基本结束，取得了较好的成效。

1. 旺苍县概况

旺苍县地貌"三山一水一分田"，是一个人多耕地少、粮食供求矛盾突出的贫困山区县。旺苍地处四川盆地北缘，米仓山南麓，东临巴中市南江县，南接广元市苍溪县，西连广元市元坝区，北界陕西省宁强、南郑区。县域东西宽约74km，南北长约80km，幅员2 976km²。全县辖35个乡（镇）和3个街道，352个行政村，2 516个社，15.26万户，总人口45.64万人，其中农业人口35.58万人。

旺苍县境内山、丘、坝兼有，地势北高南缓，腹部低平，形成一条东西走向的槽谷地带且横贯全境，是一个以丘陵为主体的低山丘陵地区，属典型山区农业县。2017年的统计数据显示，全县现有耕地面积1.86万hm²，其中水田0.74万hm²，可耕地资源1.12万hm²。全县人均耕地0.04hm²，是一个典型人多地少的山区县。旺苍县农作物种质资源优势明显，在四川省具有重要地位。近年来，气候环境变化、现实经济发展需要对农作物种质资源影响的强度和深度持续加大，受城镇化、工业化和现代化快速发展的影响，大量地方品种迅速消失，作物野生近缘植物资源急剧减少。因此，开展农作物种质资源的全面普查和抢救性收集，查清旺苍县农作物种质资源家底，对保护旺苍县农作物种质资源的多样性，实现农业可持续发展具有重要意义。

2. 普查重点和要求

（1）普查重点。根据《农业部　国家发展改革委　科技部关于印发〈全国农作物种质资源保护与利用中长期发展规划（2015—2030年）〉的通知》（农种发〔2015〕2号）、《农业部办公厅关于印发〈第三次全国农作物种质资源普查与收集行动实施方案〉的通知》（农办种〔2015〕26号）、《四川省农业厅关于印发〈四川省农作物种质资源普查与收集行动实施方案〉的通知》（川农业函〔2018〕306号）有关精神和要求，旺苍县确定了农作物种质资源普查与收集工作的重点，对全县35个乡镇开展各类农作物种质资源的全面普查。清查粮食、经济、蔬菜、果树、牧草等栽培作物古老地方品种的分布范围、主要特性及农民认知等基本情况；重要作物的野生近缘植物种类、地理分布、生态环境和濒危状况等重要信息；各类作物的种植历史、栽培制度、品种更替；社会经济和环境变化；种质资源种类、分布、多样性及其消长状况等基本信息。

（2）按普查要求上报数据。填写"旺苍县第三次全国农作物种质资源普查与收集行动基本情况表"。在此基础上，征集各类栽培作物和珍稀、濒危作物野生近缘植物的种质资源20～30份，填写"旺苍县第三次全国农作物种质资源普查与收集种质资源征集表"。

3. 普查开展情况

（1）组建普查机构。一是成立了旺苍县"第三次全国农作物种质资源普查与收集行动"领导小组。旺苍县农业农村局局长任组长，分管副局长任副组长，粮油作物股、经济作物站、茶叶服务中心、畜牧生产股、土壤肥料站、办公室、计财股等站（股）负责人为成员。全面负责农作物种质资源普查与收集行动的政策支持、方案制定、经费保障、监督管理等。领导小组办公室设在粮油作物股，负责县内农作物种质资源普查与收集行动的组织协调与监督管理。二是成立以粮油作物股、经济作物站、土壤肥料站、茶叶服务中心、畜牧生产股负责人组成的技术指导组，负责制定技术方案，提供技术咨询、培训资源目录查阅核对、调查点遴选、仪器设备使用、信息采集、数据填报、资源收集、样品保存、鉴定评价等。

旺苍县农技人员实地开展普查

（2）开展技术培训。开展旺苍县农作物种质资源普查与收集培训；针对普查与收集行动过程中出现的技术问题及时进行指导；各乡镇农业技术推广服务站、畜牧兽医站对乡村参与工作人员进行培训。通过培训，提高了全体普查人员对开展农作物种质资源普查与收集重要意义的认识，掌握了普查专业知识、普查表填报要求、数据收集及处理方法、相关技术规定，使全县普查人员掌握了普查工作应具备的知识和技能，推动普查试点工作正常有序进行。

旺苍县种质资源普查与征集工作培训会

（3）强化宣传动员。2018年4月18日，旺苍县组织召开了"旺苍县第三次全国农作物种质资源普查与收集动员会"，县主要领导、各乡（镇）主管农业的副乡（镇）长、农业服务站站长和县直有关单位负责人参加了会议。会议强调了普查的重要意义，对种质资源普查的内容、特点和基本规律、实施步骤、时间安排等做了部署。针对下一步种质资源普查工作提出了明确要求。拟订工作计划，制作宣传品。宣传组拟定了《旺苍县第三次全国种质资源普查宣传工作计划》，通过电视台、报刊、网络等渠道报道，宣传种质资源普查与收集行动的重要意义和主要成果，提升全社会参与保护农作物种质资源多样性的意识，确保此次普查与收集行动取得实效，切实推动农作物种质资源保护与利用可持续发展。先后悬挂宣传口号条幅20条，发宣传单2 000张。

（4）强化组织协调。旺苍县普查办公室购置了全套普查员用具，配备了电脑、打印机、复印机、扫描仪、GPS定位仪等现代化设备，保障了普查物资的按时到位。同时积极协调有关单位，落实交通工具等后勤保障工作。

（5）明确普查范围。对全县35个乡镇开展各类农作物种质资源全面普查，查清粮食、经济、蔬菜、果树、牧草等栽培作物古老地方品种的分布范围、主要特性、种植历史、栽培制度及其消长状况等基本信息。

（6）加强工作督导。旺苍县"第三次全国农作物种质资源普查与收集行动"领导小组加强对各乡镇种质资源普查与收集行动执行进度情况的督导，强化人员、财务、物资、资源、信息等规范管理，按照第三次全国农作物种质资源普查与收集资金管理暂行办法，严格经费预算、使用范围、支付方式、运转程序、责任主体等。

4. 对策与思考

（1）提高保护意识。种质资源是大自然给予我们的不可再生的宝贵财富，是现代种业和农业发展的重要物质基础，是人类赖以生存和发展的核心战略资源。目前，旺苍县种质资源面临着地方品种加速消失、利用率低下等问题。因此，县乡各级领导和各个部门要统一思想，提高认识，抓好普查、搜集与保护工作，为农业生产提供重要的源头保障。

（2）加大保护投入。随着时间的推移，优质、抗病、耐瘠薄等特性突出的地方品种消失速度明显加快，常规地方品种有濒临灭绝的可能性。从保护种质资源的角度考虑，应加大投入力度，拿出一定保护经费，在保护农作物种质资源方面给予财力支持。

（3）强化资源利用。老品种作物口感好，风味独特，特色鲜明，有着无可替代的优越性。况且随着人们生活水平的提高，人们想吃"这一口"的愿望愈加强烈，从这些方面看，老品种也蕴含着无限商机。尽快将濒危农作物资源进行扩繁利用，不能让老品种在我们这代人手里消失，是我们当代人的责任。

（4）加大资源开发。要加大种质资源的开发力度，重点加强优质、抗病、抗逆等重要功能基因的挖掘，加快优质、抗病虫等骨干育种材料的创新，为突破性品种选育提供有力支撑。对旺苍县常规彩色玉米、科金矮、八宝洋芋等老品种资源进行保护，大力发展，深入挖掘，培育新的特色农产品和产业，打造农产品品牌。

供稿人：旺苍县农业农村局　张明广、黄秋香

（三）大竹县全面开展第三次全国农作物种质资源普查与征集行动

四川省大竹县着力"四强化一坚持"，全面开展农作物种质资源普查与征集行动。

1. 强化组织领导，提高组织协调和保障能力

一是编制了《大竹县农作物种质资源普查与收集行动实施方案》，成立普查与收集行动领导小组，全面负责全县农作物种质资源与收集行动的方案制定、经费保障、技术支持等。二是成立以种子、农技、经作等部门组成的技术小组，具体编制实施方案，填写普查表与资源征集表，并将收集的数据相互印证，去伪存真及时上报。三是制定资源普查与收集行动专项管理办法。对资金、物资、资源、信息等进行规范化管理，保障农作物种质资源与普查行动顺利实施。

2. 强化技术培训，提升资源普查业务能力

一是加强技术培训。在全县范围内开展"大竹县农作物种质资源普查与收集行动"培训会，培训对象为全县50个乡镇农业分管领导及农技站站长和领导小组、技术小组、工作小组成员以及种子管理站全体职工，累计培训3次，培训350余人次。通过印发学习资料、技术规程，增强资源普查意识，提升业务能力。二是开展学习讨论。工作小组、技术小组、领导小组成员针对资源普查与征集过程中出现的问题开展学习和讨论，向上级有关专家请教，及时解决普查与征集中出现的问题。

3. 强化信息收集，丰富资源来源

通过到县志办、档案馆、统计局查阅相关历史档案，全面了解大竹县的人口、民族、经济、文化、农作物种类、种植历史、演变趋势、资源现状；通过走访不同年代的老农民、老技术员了解大竹县的特色农作物及种植情况等；建立大竹县种质资源普查QQ群，利用大竹之窗、大竹动态等公众媒体面向全社会广泛征集农作物种质资源线索，增大信息来源。

对各乡镇进行种质资源培训会

4. 强化宣传引导，营造"人人参与"的浓厚氛围

一是通过发放资料、电视报道、悬挂标语等多种形式宣传农作物种质资源普查与收

到档案馆查阅资料

集的目的、意义，让群众充分了解资源普查的重要性；二是通过开展座谈、实地调查的方式向广大群众宣传引导，鼓励亲朋好友积极参与资源收集行动；三是通过QQ群、微信公众号等方式广泛宣传并征集本地优质及野生农作物种质资源，营造资源普查大众参与的浓厚氛围。

在乡镇主要街道悬挂宣传标语

5. 坚持实地调查，不遗漏每一份资源

坚持实地走访调查，对征集的样品及时登记编号，及时收获、邮寄，积极与四川省农业科学院专家联系，了解每一份样品征集数量、征集部位及征集时间，及时填报资源普查表，做到不漏选每一份样品。

跟随老技术员进行实地走访　　　　　　　　**采集种质资源**

在资源普查与征集行动中，大竹县收集农作物资源线索100余条，筛选可用信息50条，邮寄资源样品43个，在四川生态网上发表信息5篇。

供稿人：四川省大竹县种子管理站　叶明瑛

陕西卷

一、优异资源篇

（一）红皮核桃

种质名称：红皮核桃。

学名：核桃（*Juglans regia* L.）。

来源地（采集地）：陕西省太白县。

主要特征特性：据当地农民介绍，该核桃树树龄约有200余年，长势旺盛，果实繁茂；果壳不厚，口感好；对病虫害有抗性。经初步测定，树高约30m，果实直径约3cm，种皮红色，富含花色苷，极为罕见。

利用价值：具有极高的研究和保护价值，对于我国核桃育种和发展特色核桃产业具有重要意义。全国仅发现红皮核桃6株，目前国内红仁核桃供不应求，售价每千克60元以上。陕西商洛于2015年以单株960美元高价引进美国红仁品种Livermore，2018年澳大利亚甚至专门为供应我国市场种植Livermore。可见所发现的红皮核桃经济价值很高及未来发展潜力很大。

该资源入选2018年十大优异农作物种质资源。

红皮核桃树　　　　　　　　红皮核桃

供稿人：西北农林科技大学农学院　王艳珍

西北农林科技大学园艺学院　张恩慧

（二）岭沟贡米

种质名称：岭沟贡米。

学名：稻（*Oryza sativa* L.）。

来源地（采集地）：陕西省镇安县。

主要特征特性：该品种生育期142d，一般3月上旬育秧，4月中旬移栽（秧龄45d左右），9月下旬成熟，亩产250～350kg；贡米籽粒硬度大、颜色光泽好，下锅煮蒸，浓香立生，饭熟揭盖，郁香满怀，故有"一家煮饭，十里飘香"的赞语，又有"香米"之誉称。岭沟贡米征集自陕西省镇安县农户家的水稻大田，其主产区环境属喀斯特地貌，土壤富含石灰岩、泥灰岩和铁、钙等多种矿物质元素，山边有山泉多处，常年涌流不息，灌溉方便。据镇安县志记载：1900年，慈禧太后到西安巡查期间，陕西布政司选岭沟米进献，慈禧以米为餐，有感于其香味奇特、久聚不散、沁人心脾，当即定为"贡米"。

利用价值：优质米产业开发的水稻种质资源，也可以用作水稻优质育种的基础材料。

该资源入选2019年十大优异农作物种质资源。

大田幼苗　　　　　　　　　　　岭沟贡米稻粒

供稿人：陕西省镇安县农业技术推广中心　　詹迪生

（三）太白红猕猴桃

种质名称：太白红猕猴桃。

学名：猕猴桃（*Actinidiaceae* sp.）。

来源地（采集地）：陕西省太白县。

主要特征特性：生长旺盛，枝繁叶茂，叶片大；抗性强，尤其抗溃疡病；坐果率高，结果量多；果实大小中等，果肉发红。

利用价值：太白县黄柏塬镇皂角村、二郎坝村、核桃坪村和高家坝村，猕猴桃野生资源丰富，该品种是近些年来老百姓从实生苗中选育出好看好吃的猕猴桃优系，房前屋后栽植，逐步形成商品化栽培。保护与利用好太白红猕猴桃资源，可以选育出更多的优良品种。

靖口镇庙台村的猕猴桃野生资源　　　　　　发现太白红猕猴桃

供稿人：西北农林科技大学园艺学院　邓丰产

（四）石泉阳荷姜

种质名称：石泉阳荷姜。

学名：阳荷（*Zingiber striolatum* Diels）。

来源地（采集地）：陕西省石泉县。

主要特征特性：地方品种。据农户说这品种种了几十年，一直没有间断，亩产1 000kg左右，从没有用过农药，其抗病、抗虫能力强，广适性好；优质，产果期长，可达3个月。

利用价值：可直接炒食，也可制作酸菜。该品种售价为10元/千克，高于一般姜，当地已作为脱贫产业发展，全县种植面积已达5 000亩。

石泉阳荷姜植株　　　　　　　　　　石泉阳荷姜根系

供稿人：陕西省石泉县农业综合执法大队　南家寨

（五）老遗生梨

种质名称：老遗生梨。

学名：*Pyrus sinkiangensis*。

来源地（采集地）：陕西省彬州市。

主要特征特性：老遗生梨为彬州梨区20世纪50年代以前的主栽品种，果实大，短倒圆锥形，纵径7cm，横径7.7cm，平均单果重278g。果皮韧，绿黄色，有多量点状果点。果梗较粗，长度约为果纵径的1/2，梗洼浅窄，不对称。脱萼，萼洼深广，圆形。9月下旬成熟，果肉乳黄，初采味酸，贮后风味转佳，质脆，液丰，味甜。品质上。耐贮存，一般可贮存至翌年5月。树势强健，花期抗霜力强，适应性广，耐瘠薄。

利用价值：可作为育种材料，也可利用其耐贮能力，供应春季市场。

老遗生梨树

果实及切面图

供稿人：陕西省彬州市种子管理站　孙丽丽

（六）九眼莲

种质名称：九眼莲。

学名：莲（*Nelumbo nucifera* Gaertn.）。

来源地（采集地）：陕西省合阳县。

主要特征特性：九眼莲当地俗称九眼莲藕或菜莲，为地方品种。该品种为国家地理标志农产品，生长环境为黄河滩湿地；一般4月中旬栽培，9月中下旬成熟，平均亩产1 600kg；具有高产优质、适应性强、耐盐碱、耐水肥及高抗红心病、软腐病的特性，耕作15～20年一般不会发病，但必须提纯复壮；莲藕色白、皮薄、质脆、纤维素含量低，是制作凉菜的上品。

利用价值：可作为育种材料予以保护。九眼莲20世纪70年代在洽川（原东王乡）广泛种植，2014年前后曾达到3万多亩。但由于产量低、入泥深、不好挖，被引进的高淀粉、高产型品种代替，目前当地仅零星分布，面积不足10亩。

群体长势　　　　　　　　　　　　莲藕形态

供稿人：陕西省合阳县种子技术推广服务站　　王聪武

（七）洽川葫芦

种质名称：洽川葫芦。

学名：葫芦［*Lagenaria siceraria*（Molina）Standl.］。

来源地（采集地）：陕西省合阳县。

主要特征特性：洽川葫芦为陕西省合阳县地方品种。洽川葫芦得益于黄河湿地独特的半湿润性气候、丰富的浅层地下水资源和优良的黄土土质，生长的葫芦皮厚质优，适合雕刻。一般10月上旬成熟采摘，平均亩产800个。

利用价值：瓠子葫芦主要用于食用，吃法多样，可烧汤，可做菜。葫芦蔓、须、叶、花、籽、壳均可入药。过去葫芦常以瓢的功能用于日常生活，现在小面积种植使其生长成各种造型（如天鹅），用来增加工艺品的种类，仅占工艺品中很小比例。洽川葫芦已列入国家非物质文化遗产保护名录。洽川成立葫芦雕刻专业合作社，在葫芦绘画、雕刻技艺、经营品类等方面进行创新和发展。

洽川葫芦　　　　　　　　　　　　洽川葫芦种子

供稿人：陕西省合阳县种子技术推广服务站　　王聪武

（八）迷你野生猕猴桃

种质名称：迷你野生猕猴桃。

学名：猕猴桃（*Actinidiaceae* sp.）。

来源地（采集地）：陕西省华阴市。

主要特征特性：迷你野生猕猴桃采集自陕西华阴市秦岭蒲峪阴坡的杂木林中的野生资源。该资源抗旱、耐寒、耐瘠薄；根系发达、结食性好；果形小、果实成串，单果长筒状，一般长2～3cm，一般果实7月中下旬成熟，早期外观呈绿色，成熟后呈红褐色；果面光滑无毛，可整果食用，口感好、香甜、熟透无酸味，耐贮藏，果肉有黄绿色和红色两种。

利用价值：作为育种材料。

花期形态　　　　　　　　　　　　　　成串果实

供稿人：陕西省华阴市种子管理站　丁卫军

（九）冒魁柿子

种质名称：冒魁柿子。

学名：柿子（*Diospyros kaki* Thunb.）。

来源地（采集地）：陕西省宝鸡市金台区。

主要特征特性：冒魁柿子，属柿科柿属，多年生落叶果树，当地也叫帽盔柿子。该品种是陕西省宝鸡地区旱塬和西部丘陵地带的一个优质地方品种，主要栽培在田埂地头、房前屋后。成熟期10月中下旬，抗病、抗逆性强，丰产性能好，亩产1 500～2 500kg；营养价值高，含有丰富的蔗糖、葡萄糖、果糖、蛋白质、胡萝卜素、维生素C、瓜氨酸、碘、钙、磷、铁、锌。

利用价值：果实呈扁圆形，果色为橘红色，果肉金黄，含糖量高，特别适合加工柿饼、柿子醋等；柿蒂、柿霜也可作为中药。

大田栽培情况

果实

供稿人：陕西省宝鸡市金台区种子工作站　梁宝魁

（十）广坪小花生

种质名称：广坪小花生。

学名：花生（*Arachis hypogaca* Linn.）。

来源地（采集地）：陕西省宁强县。

主要特征特性：广坪小花生为一年生草本植物，征集自陕西省宁强县农户农田中，为地方品种，因籽粒较其他品种明显偏小，故有此名。该品种种植历史悠久，主要种植于原广坪区范围，生长期100~120d，本地春末夏初播种，秋季收获，平均亩产120kg；籽粒饱满、偏小（粒径0.5~1.0cm），白色，香味浓。

利用价值：茎、叶可作饲料用，花生米生食或炒后熟食。广坪小花生售价高于其他品种50%以上，是当地炒货市场主要品种之一。

广坪小花生生境

广坪小花生植株

供稿人：陕西省宁强县种子管理技术推广服务站　伊清宏

（十一）火焰山红薯

种质名称：火焰山红薯。

学名：甘薯［*Ipomoea batatas*（L.）Lam.］。

来源地（采集地）：陕西省延长县。

主要特征特性：火焰山红薯以其皮薄无纤丝、肉质细腻、软糯甘甜、含糖量高而闻名当地，经常代表延长特产在全国各地展出。火焰山红薯，红似火焰，是延安市延长县火焰山村种植的老品种。该红薯栽培从20世纪60年代开始，全村常年栽植红薯100亩。该村地处河湾，近邻延河，红胶土质，光照时间长，温度高，昼夜温差大，形成了独特的农田小气候。

利用价值：2010年以火焰山村及其周边上鲁、下鲁、利壁等村注册成立了"延长县火焰山红薯辣椒农民专业合作社"。合作社现有入社社员300户，其中吸纳贫困户182户。2017年1月9日央视七套科技苑《大开眼界——揭秘土特产》的专题报道，使延长县的火焰山红薯在全国的知名度进一步提高。

火焰山红薯块根

供稿人：陕西省延长县农业技术推广中心　段岁芳

（十二）象园茶

种质名称：象园茶。

学名：茶［*Camellia sinensis*（L.）O. Ktze.］。

来源地（采集地）：陕西省镇安县。

主要特征特性：象园茶，山茶科山茶属，征集自陕西省镇安县农户自建茶园里的地方品种，是当地种植历史悠久的古老茶叶品种。该茶树多分布于海拔800～1 600m的高山、半高山山地，叶片生长时间长，养分积累多，水浸出物比例高，富含锌、硒等多种微量元素。镇安象园茶大多与镇安板栗套种间作，吸收了板栗醇厚的果香，具有"汤香茶靓、栗香味浓、久耐冲泡"的特质。

利用价值：2015年镇安"象园茶"获得国家农产品地理标志证书和无公害认证、有机认证，2016年获得上海国际博览会"中国好茶叶"金奖。全县茶园面积达到9.7万亩，年产绿茶850t，茶叶产业产值1.23亿元。

象园茶全株照片 象园茶生境 象园茶茶果

供稿人：陕西省镇安县农业技术推广中心　詹迪生

（十三）矮子刀豆

种质名称：矮子刀豆。

学名：菜豆（*Phaseolus vulgaris* Linn.）。

来源地（采集地）：陕西省镇巴县。

主要特征特性：豆科菜豆品种，征集自陕西省镇巴县一农户家的地方品种，株型较矮、无蔓、不需要搭架，故名矮子刀豆。该品种一年生，无蔓直立，有性繁殖，播种期4月中旬，收获期7月中旬；抗病、抗旱、耐寒、耐贫瘠。

利用价值：食用嫩荚和籽粒，嫩荚成熟早，籽粒品质好，是高山地区春夏之交的主要蔬菜品种，也可在低海拔地区提早或延迟栽培，可解决淡季蔬菜市场需要，在镇巴县广为种植。

矮子刀豆植株、种荚及种子 矮子刀豆提供者

供稿人：陕西省镇巴县种子管理站　潘益华

（十四）韩城千年老核桃

种质名称： 韩城千年老核桃。

学名： 核桃（*Juglans regia* L.）。

来源地（采集地）： 陕西省韩城市。

主要特征特性： 2019年陕西调查队在韩城市调查到1份有1 500年树龄的老核桃树，树主干高约2m，地上50cm处周长3.7m，胸径周长7m，树冠直径30多m，有东西南北四大主枝横向旁伸、枝叶繁茂、树冠硕大。果实大小约3cm，果仁浅色。该树是农村题材电视剧《初婚》的拍摄场景之一。

利用价值： 对研究核桃的栽植历史、品种演化、古老种质基因保护与利用具有非常重要的价值。

老核桃树　　　　　　　　　　老核桃叶片和果实

供稿人：西北农林科技大学农学院　赵继新、吉万全

（十五）大果型野生猕猴桃

种质名称： 大果型野生猕猴桃。

学名： 猕猴桃（*Actinidiaceae* sp.）。

来源地（采集地）： 陕西省留坝县。

主要特征特性： 2019年陕西调查队在留坝县收集的野生资源。生长在人迹罕至的山坡树林中，以其他树为依托攀附生长。果肉绿瓤，味道酸甜适中。特异性在于：果形大，在野生条件下，4～6个可达500g。

利用价值： 市面上现售猕猴桃多为人工栽培条件下的大果，且一些大果实是由于在猕猴桃坐果初期涂抹激素类药物而变大，而该大果型野生猕猴桃在野外自然条件下，果实4～6个就可以达到500g，因此该资源可作为提高猕猴桃产量的重要野生资源加以研究和利用。

猕猴桃枝条　　　　　　　猕猴桃果实　　　　　　　猕猴桃植株及生境

供稿人：西北农林科技大学农学院　赵继新、吉万全

（十六）条形果野生猕猴桃

种质名称： 条形果野生猕猴桃。

学名： 猕猴桃（*Actinidiaceae* sp.）。

来源地（采集地）： 陕西省留坝县。

主要特征特性： 2019年陕西调查队在留坝县收集的野生资源。生长于山坡上，枝繁叶茂，结果量大，抗逆性强，果实中大，呈长条形，果长约6cm，果宽约4cm，果肉绿瓤，味道甜。

利用价值： 市面上现售猕猴桃多为圆形或椭圆形，条形果猕猴桃还比较少见，该资源果形特殊，可作为特异资源直接用于新特农产品开发利用，同时还可作为猕猴桃特异性状（基因）的遗传功能研究或品种改良的重要野生资源加以利用。

条形果野生猕猴桃

供稿人：西北农林科技大学农学院　赵继新、吉万全

（十七）莲花座柿子

种质名称：莲花座柿子。

学名：柿（*Diospyros kaki* Thunb.）。

来源地（采集地）：陕西省留坝县。

主要特征特性：2019年陕西调查队在留坝县收集的野生资源。柿果具有次缢痕，类似莲花座图形，故称之为莲花座柿子。据当地农户讲，在他家开始住在这里的时候，这棵树就已经很大了，距今已有50余年了，因此推测该树树龄超过100年。树基部有嫁接痕迹，树高约15m，结果量大，抗性好，柿果较大，味道甜面。

利用价值：市面上具有莲花图案的柿子比较少见，当地农民从山上采集后到附近旅游景点或市场上售卖，价格高，该资源可作为新奇特农产品来开发，具有一定市场潜力；同时由于具有特殊的莲花图案，可用于柿子特异性状基因的遗传研究和品种改良。

莲花座柿子树　　　　　　　　　　　　莲花座柿子果实

供稿人：西北农林科技大学农学院　赵继新、吉万全

（十八）无核柿子

种质名称：无核柿子。

学名：柿（*Diospyros kaki* Thunb.）。

来源地（采集地）：陕西省澄城县。

主要特征特性：2019年陕西调查队在澄城县收集的野生资源。树龄超100年，生长6个主要树干分枝，树基部60cm高处树干周长187cm，树干直径约60cm，果实繁茂，果肉鲜红无籽，口感甜面。

利用价值：市面上现售柿子大多是有核（籽实）类型，这种无核（籽实）的柿子比较少见，该资源可用于无核（籽实）柿子产品的市场开发，还可用于柿子无核（籽实）遗传机理及功能的研究和无核柿子新品种的培育。

无核柿子植株

未成熟的柿子和枝条

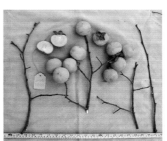
成熟的柿子

供稿人：西北农林科技大学农学院　杜欣、冯佰利

（十九）火葫芦柿子

种质名称：火葫芦柿子。

学名：柿（*Diospyros kaki* Thunb.）。

来源地（采集地）：陕西省韩城市。

主要特征特性：2019年陕西调查队在韩城市收集的野生资源。火葫芦柿子在韩城市多零星分布，该资源结果量大，坐果率高，每到冬季树叶掉落之后，一眼望去，鲜红的果实挂满枝头，煞是好看。柿子中等偏小，熟透后果肉鲜红，口感很甜很面，深受当地老百姓喜爱。

利用价值：火葫芦柿子在陕西关中北部旱塬地区多有零星分布，是当地老百姓比较喜欢食用的一种柿果，但市场规模较小。该资源可适当进行进一步的推广和开发利用，有一定的市场潜力。此外，可作为柿子品种改良的优异资源加以研究和利用。

火葫芦柿子全株照片

成熟的火葫芦柿子

供稿人：西北农林科技大学农学院　王永福、张正茂

（二十）老洋麦

种质名称：老洋麦。

学名：*Triticun aestivum* L.。

来源地（采集地）：陕西省陇县。

主要特征特性：长势顽强，植株挺拔，抗逆性强。具有植株高（为普通小麦2倍）、耐瘠薄、抗寒、所制面粉劲道等特点。

利用价值：老洋麦在陇县高海拔地区生长，抗寒、抗旱、耐瘠薄，可作为育种材料，也可直接利用。一方面能制成洋麦面粉，富有营养。另一方面因其生物产量高、营养品质好、茎秆柔软、饲料加工利用形式灵活多样，可用来饲养家畜。

老洋麦

供稿人：陕西省陇县种子管理站　王志成

（二十一）老葵花

种质名称：老葵花。

学名：向日葵（*Helianthus annuus* L.）。

来源地（采集地）：陕西省陇县。

主要特征特性：其叶片硕大，茎秆粗壮，盘面大，在海拔2 052m的寒风中依然保持挺拔的姿态。

利用价值：该种质资源抗逆性强，可作为育种材料。该向日葵具有较高食用价值、药用价值和经济价值。葵花籽腌煮、烘烤制成普通或五香葵瓜子，营养丰富、味美，是人们喜食的大众化零食佳品。葵花籽可作为食用油的原料。另向日葵种子、花盘、茎叶、茎髓、根和花均可入药，也可发掘该资源的药用价值。

老葵花植株　　　　　　　　　老葵花种子

供稿人：陕西省陇县种子管理站　王志成

（二十二）十条线脆瓜

种质名称：十条线脆瓜。

学名：甜瓜（*Cucumis melo* L.）。

来源地（采集地）：陕西省合阳县。

主要特征特性：脆瓜，果实长条形，颜色翠绿色，成熟的脆瓜颜色发白，为合阳最有特色和价值的地方品种之一。因该脆瓜品种瓜外围沿生长方向纵向呈十条线分布，故名"十条线脆瓜"。经田间鉴定，十条线脆瓜瓜型长，蔓细长，甜度好，抗逆性强，高抗炭疽病、霜霉病、赤霉病，为合阳独有地方品种。据称在目前所有甜瓜里是甜度最高的，含糖量达16%以上。该瓜缺点是皮太薄脆、太甜，易受虫类、雹灾危害。目前在新池、平政、独店、路井、防虏寨一带种植面积约200亩。

利用价值：因自繁自育成本大，种子法对品种包装经营要求严格，地方老品种品牌保护开发受到限制。

十条线脆瓜

供稿人：陕西省合阳县种子技术推广服务站　王聪武

二、资源利用篇

（一）百柿大吉　探寻之旅
——凤县百年柿树

作物种质资源作为生物资源的重要组成部分，是培育优质、高产、抗病（虫）、抗逆新品种的物质基础，是人类社会生存与发展的战略性资源，是提高农业综合生产能力、维系国家食物安全的重要保证，是我国农业得以持续发展的重要基础。

在果树之中，柿树是长寿树种之一，一年种植，多年收益，抗灾力强、旱涝保收，有"木本粮食，铁杆庄稼"的美誉。柿起源于中国，主要栽培在东亚地区，是柿属植物中最具经济价值的种。我国是柿的原产国，不仅栽培历史悠久，种质资源也非常丰富。文献资料查证，柿树至少已有2 600年的栽培历史，目前我国柿品种约有1 000余种。

陕西省是全国柿栽培和生产的主要地区，百年柿树较为常见，主要分布在黄河流域及关中平原地区。秦岭腹地柿栽培规模较小，资源调查数据也相对较少，此前尚未发现上百年的古柿树。凤县位于陕西省西南部，东与太白县毗邻，南与汉中市留坝县、勉县接壤，西与甘肃省两当县相连，北与宝鸡市陈仓区、渭滨区相邻，总面积3 187km^2，几乎全境坐落于秦岭腹地。凤县境内资源丰富，果树资源主要有核桃、板栗、山楂以及柿等。本次发现的两株300年以上的古柿树均采用独穗嫁接，100年以上的大多采用双接穗嫁接。听村民描述，柿主要有两个品种，其中一个偶见种子，说明其可开雄花。因为柿大多雌雄异株，雄性由于不结实大多被砍伐，因此，偶开雄花的资源具有重要的育种价值。

由于自然条件和社会经济条件的影响，柿在长期栽培过程中形成了一条十分明显的分布界线。这条分布界线，

柿树

大致以年降水量450mm以上、年平均气温10℃的等温线经过的地方：即东起宜川仕望河至黄龙的瓦子街，沿洛川的仙姑河，经黄陵的阿党、隆坊、店头、建庄，过旬邑的太峪，彬县的新民，甘肃省泾川，为柿分布的北界。在这条界线以北的地方，柿树极为稀少，除个别小气候外，因冬季严寒柿树不能生存。此线以南地区，均有柿树栽培，尤以秦巴山区的浅山和渭北丘陵地带分布最多。

据查阅资料，国内300年以上的古柿树已不多见，全国有50～60株。此次，在凤县农作物种质资源调查过程中，发现了2株300年以上的柿树，初步测量其树径达到70cm以上，树围达到230cm以上，此外，还发现了十余株百年以上的古柿树，这些柿树历经百余年仍然繁茂生长，着实令人感叹，也说明这些柿树具有很强的环境适应性，对于柿种质资源的保护和研究具有重要的价值和意义。接下来，种质资源陕西调查队将携手国家柿种质资源圃对采集的柿资源进行记录、分类及生物学性状观察和鉴定，为未来的研究利用打下坚实基础。

百年柿树周长270cm

未成熟的柿子

供稿人：西北农林科技大学园艺学院　关长飞

（二）挖掘优质资源　厚筑发展基础

农作物种质资源是保障国家粮食安全、生物产业发展和生态文明建设的关键性战略资源。按照《第三次全国农作物种质资源普查与收集行动2018年实施方案》要求，凤翔县结合实际，深入推进普查与征集工作，较好完成了普查与征集工作任务。通过印发公告、培训宣传、入户走访、实地调查等，普查工作全面完成，资源收集工作成果丰硕。已征集报送种质资源56份，已审核通过35份，18份资源正在审核中，超额完成了收集20～30份种质资源的任务。

通过本次农作物种质资源普查与征集工作的开展，使得我们对凤翔县农作物品种更替、当地农作物品种的分布有了更全面的掌握，特别是在调查收集中，我们深入挖掘当地地方品种，全面了解其分布状况、特征特性和利用价值，对当地优质地方品种的推广利用起到了很好的推动作用。

1. 透心红胡萝卜红透群众心

送客亭子头，蜂醉蝶不舞。地处凤翔县城西8km的亭子头村，不仅因临近西凤酒厂，结缘西凤酒而闻名，且当地出产的透心红胡萝卜也使该村享誉县内外。该村年种植胡萝卜500亩以上，亩产量2 000kg左右，亩产值4 000元左右。因为该村出产的胡萝卜品质优良，每年11月，客商们蜂拥而至，产品销往省内外。

2. 纸坊热萝卜是转变农业生产结构的典型

地处凤翔县城东2km的纸坊村，因毗邻县城，当地群众自20世纪80年代起就有种植蔬菜和其他经济作物的习惯。豆角、菜瓜、甘蓝、萝卜、辣椒等，蔬菜种类多，种植面积大，除供应本地需要外，已远销宝鸡、西安，甚至省外。随着生产的发展，辣椒、豆角等各种蔬菜品种都已多次更新换代，唯有当地生产的热萝卜一直是自繁自产自销。纸坊热萝卜年露天种植面积近200亩，亩产值近万元。4月间，行进在西宝北线纸坊段，公路两旁设摊售卖热萝卜的摊点鳞次栉比，热闹非凡。

3. 虢王红薯市场热销

地处凤翔、岐山和陈仓交界处的虢王镇，利用临近宝鸡市农业科学研究所的优势，结合当地农业生产传统，大力引进发展红薯产业，桂花牌红薯已经远销全国各地，成为凤翔县重要的农产品品牌之一。近年，虢王镇依托农业产业结构调整，大力发展红薯产业，主导品种为秦薯4号、秦薯5号，年建红薯育苗棚400座，红薯苗远销省内外，每棚收入1万元左右；年种植红薯超过2 000亩，亩均产量2 000kg，亩产值4 000元，红薯产业为当地增加农业收入1 200万元，成为群众致富奔小康的重要产业之一。

希望在本次种质资源普查与征集的基础上，对发现的优质品种资源，特别是具有推广利用价值的品种资源，加大保护和利用力度，以实实在在的举措加速其推广，使它们优质增效的作用得以发挥。

供稿人：凤翔县种子管理站　寸红刚

（三）旬阳狮头柑　健康果

狮头柑，是柑橘类一个稀有天然橘柚杂交品种。分布于汉江旬阳段流域部分山地。

因其果皮粗糙隆起，状如传统石雕狮子的"狮头"，疙疙瘩瘩，当地人遂名之狮头柑，狮头柑树性喜温暖，要求年平均气温在15℃以上，最低月平均温度在5℃以上，冬季绝对低温不低于-5℃。其树体抗性强、产量高、果大、耐贮藏。其果实个儿大、汁多、酸甜可口，味道层次丰富饱满，果肉柔软无渣晶莹剔透；余味悠久，口感爽朗。

狮头柑富含黄酮、陈皮苷、果胶、类胡萝卜素、维生素C、维生素P等。黄酮具有维持血管正常渗透压、增强毛细血管韧性、降低胆固醇、抗过敏、抗病毒、抗炎症、抑制癌细胞增长和转移的作用，常食之具有清热解毒、降火明目、生津止渴之保健实效。狮头柑具有生津化食、止咳化痰、生血防癌、开胃健脾、润肠通气、养颜健身的功效，因此有人又称狮头柑为"医药圣果、黄金果"，它是名副其实的健康果。

在陕南汉江边上，过去家家户户都有种植狮头柑、品狮头柑的习惯。现在这种习惯已经成为整个安康人共有的习惯，在春节年货中，各家各户都会准备上狮头柑过节，它们和瓜子、点心等一样成为招待客人的重要果品。每到冬季，遇到有咳嗽的小孩，都会找个狮头柑，放在炉火中烤烤，然后趁热给小孩吃下，起到止咳的作用。这种习惯和文化在陕南种植狮头柑的地方由来已久。如今，狮头柑成熟季节走南闯北的旬阳人都能收到亲人寄来的狮头柑，收获一份亲情，体会那久违的乡味。

旬阳狮头柑主要分布在吕河镇冬青、双井、江店、敖院、险滩5个村，城关镇烂滩沟、鲁家台社区，段家河镇李家庄村。据传旬阳狮头柑最早出于城关镇烂滩沟村，后被各地引进，特别是在吕河镇的冬青村被发扬光大，至今在烂滩沟村还有不少50年以上树龄的老树。狮头柑适合生长在海拔300～500m，光照充足，气候温和湿润，土壤为微酸性沙壤土。生长期间，要求比较湿润的气候条件，年降水量以1 000～1 500mm为宜。夏秋干旱，常易造成卷叶落叶，影响果实发育，甚至引起落果。干旱情况下发育的果实，囊瓣壁厚，汁液少，风味较差。但降雨过多，易影响授粉，并降低光照强度，会加剧生理落果。生长的理想空气湿度以相对湿度75%左右为宜。对土质要求较为严格，适于非强黏性的土质，酸碱度的范围为pH值5.5～7.5，以有机质含量高，保水、保肥能力强的土壤最为适宜。盛产期每亩年产量5～6t，目前全县共有狮头柑园6 000余亩，年产狮头柑200万kg，产值1 600万元。

在以粮为纲年代，烂滩沟村、冬青村由于土地条件差，出门就是山，动步就是坡，平坦是梦想，宽阔是天堂。上苍并没有赐给这一方水土特别的眷顾，这里先天就没有良田沃土，没有奇峰秀水，也没有神秘的传说，更没有厚重的人文积淀，有的是被称作：陡峭瘠薄山上坡，沟壑纵横一分田。地形结构复杂，地貌起伏，地表破碎的土石山坡地，种植粮食产量低，难以维持生活，在房前屋后种植果树既可解馋又能卖到县城和原陕南"第一渡"的吕河街道，解决经济问题。改革开放后，烂滩沟村、冬青村充分利用自身区位优势、品种优势和技术优势进一步发展了狮头柑产业，进入20世纪90年代初引起农业部门重视，他们在总结群众经验的基础上对狮头柑的栽培技术进行研究，总结了一套行之有效的狮头柑栽培技术，并在关键季节到柑园指导。在加强技术指导的同时，针对发展狮头柑的短板问题协同当地镇政府向县政府献言献策，助成水利部门在该村开展土地坡改梯项目和集雨水窖工程。

在当地群众的努力和政府各部门的协作下，冬青村狮头柑实现了技术标准统一，产品质量和产量得到很大提升，群众生活进一步改善，提前过上了小康生活。如今"家有两亩园，媳妇不用愁"的传说已成为幸福生活的真实写照。2008年旬阳县冬青村成立农民专业合作社，注册了"冬青狮头柑"商标，并进行统一管理，产品质量有了质的飞跃，随着产品质量不断提升冬青村荣誉接踵而至。2015年8月3日，旬阳县冬青村狮头柑被农业部评为全国"一村一品"示范村。2017年5月16日，旬阳狮头柑获得中国地理标志认证。2017年7月6日，旬阳狮头柑获得无公害农产品证书。

狮头柑

产业的发展带火了一方经济。冬青村原本有36户贫困户，2017年脱贫17户，2018年有11户贫困户达到该村脱贫标准退出贫困户序列，还有8户未脱贫。近年来冬青村充分发挥"党支部+合作社+贫困户"模式带领群众脱贫致富，一是多方争取项目支持，免费为贫困户提供狮头柑种苗和肥料，提供栽植技术指导，统一病虫害防治，解决贫困户发展产业无资金无技术难题。产业扶持政策提高了贫困户发展产业的激情，目前贫困户户均栽植狮头柑3亩，待2年后挂果实现真脱贫。二是一些贫困户和劳动力富余户成为狮头柑种植职业农民，他们为缺劳户提供田间管理，获得相应报酬。

随着狮头柑产业做大做强，来冬青村看毛公山、品狮头柑的游客越来越多，坐在自家门口就能销售，大路货16元/kg，采摘20元/kg。电商、邮政都纷纷抓住有利时机开展代买业务，在冬青村驻点办理，村民足不出户就可以卖狮头柑，以往那种千家万户挤县城，闹哄哄的艰难销售氛围一去不复返。

供稿人：陕西省旬阳县农业综合执法大队　潘明国

（四）百年梨园话沧桑

2018年7月29日，国家农作物种质资源调查二队与麟游县种子管理站一行人冒着酷暑，开始了新的一天野外调查工作。

这一天，计划奔赴麟游县西部边陲的酒房镇及两亭镇，系统调查毗邻省界地区的农作物种质资源分布情况。当日驱车百余千米，先后完成了冯家湾、花花庙、西坡、焦家沟等4个村的调查后，调查队辗转来到酒房镇万家城村。

万家城村，一个历史古老而厚重的村落。这里，曾是隋唐时期普润县城所在地。庄子坐落在千山余脉老爷岭支脉上，脚下是由南向北的柳水李家河，村里仅有一条通往外部的简易公路。当我们完成了核桃、山桃等地方品种的采集工作后，慕名拜访了该村一处具有传奇色彩并被麟游县政府定为重点保护对象的老梨园。

古梨树

梨园坐落在万家城老庄子的山脚下，面积约20余亩，现存活梨树34棵，棵棵高度超过20m，树干胸径粗1m多，摇曳的树叶、主干上的龟裂甲壳和因风雨折断的树权向人们静静地诉说着梨园的沧桑。

据当地的老人讲述，这里以前本没有梨树，只因历史上的一场无辜杀戮而出现了颇具规模的梨园。相传，明朝时期，有一戏班来万家城演出，由于他们技艺精湛，唱功又好，引得四里八乡的民众纷纷前来观看。因演出的剧目有抨击腐朽官场的内容，地保以谋反、蛊惑人心之罪名向官府告发。于是，戏班便遭到灭顶之灾。在一个风雨交加的漆黑夜晚，尚在熟睡中的戏班人员突遇蒙面歹徒的无情杀害，无一幸免。杀戮场面触目惊心，骨尸遍地，血流成河，惨不忍睹。事后，善良的民众便将戏班人员葬于此处。到了第二年春天，这里突然生长出了一片梨树。早春，雪白的梨花招蜂引蝶；秋后，梨树个个挂满翠绿可口的果子，过往行人无一不驻足观看和追思。当地坊间传说，自古以来，戏班艺人都冠以梨园，而这个梨园是戏班冤魂的再现，倔强地诉说着艺人们遭遇的不幸和不甘。为了纪念这一事件，人们便把梨园视作神的化身而加以看护，使梨树得以茁壮生长，逐渐成林，惠及民众。时至今日，梨园虽经500余年的风雨沧桑，仍然郁郁葱葱、硕果累累。

据村民介绍，这个梨园共有两个品种。一个叫麦梨，皮薄多汁，在忙毕（夏收后）时节即可采摘食用，其生津止渴、清肺消暑功效非常好。另一个品种为冬梨，到深秋方才成熟，味甘甜，耐贮藏，实属食疗之佳品。人民公社时期，梨园的果品还为生产队增加了不少经济收入。

领略了梨园的沧桑历史，调查队精心采集了种质资源样本，带着大自然馈赠的珍贵礼物，迎着夜晚的习习凉风，辗转甘肃省灵台县地界绕道（由于修路夜间封路）回到驻地时已是午夜时分。

供稿人：麟游县种子管理站　李涛
西北农林科技大学农学院　冯佰利

三、人物事迹篇

（一）三秦大地种质资源守护者——吉万全教授

2018年，农业农村部启动了陕西省第三次全国农作物种质资源调查与收集行动，吉万全教授是陕西调查队的总负责人，带领考察队跋山涉水，为农作物种质资源收集工作做出了突出贡献。

在"行动"实施中吉老师从设备采购、会议部署到出行安排，从技术指导再到资源的分类保存与扩繁鉴定，方方面面无不亲自参与。调查过程中所有需要注意的事宜一遍遍反复强调，不断地提醒大家要"多走，多看，多问"，目的是要保证资源调查与收集工作的顺利进行。

1. 秦岭深处寻宝

秦岭被尊为华夏文明的龙脉，而秦岭—淮河一线也成为中国地理上最重要的南北分界线，使得这个南北温度、气候、地形均呈明显差异性变化的秦岭山地也成了蕴藏丰富资源的大宝库，而吉老师就是这深山里的寻宝人，他带领调查队深入山区腹地，积极开展资源普查与收集工作，一路走，一路看，一路听，一路问，不畏艰难，顶风冒雨，勇往直前。正是因为有吉老师这样的人，才使得一次次农作物种质资源普查与收集工作顺利进行并圆满完成，让近千份宝贵的种质资源重新得以发掘、保存和利用，不仅成为农业科研的宝贵财富，更加丰富了我们国家的农作物种质资源基因库。

秦岭山区生态多样，种质资源丰富，只有在大山深处，只有在新品种推广受限的农户家里才可能有代代相传、濒临灭绝的古老农家种。

在凤县，我们共计走访了5个镇20多个村40余户，基本都是去的最偏僻的农家。此外，很多古老野生资源，如百年老杏树、老核桃树、老柿树等，往往都长在山高林茂、人迹罕至的深山或沟谷中，地形复杂多变，天气变化无常，多数时候车辆无法直接到达。在这种情况下，吉老师往往冲锋在前，带领队员们扛着工具，沿着崎岖山路，前往野生树下进行GPS定位，调查植株生长环境，并采集茎、叶、枝条、果实、种子等。

在留坝县调查期间，我们累计行程达1 400多km，除了在有目的的村户收集特殊资源外，行程中我们也常常会停下来，虽然并不能够一眼看到资源全貌，但吉老师却能够敏锐地观察到重要野生资源的存在，像野生的李、桑、猕猴桃等往往都是在行程中被发现的，虽然偶然也会看错，白跑一趟，但吉老师这种不放过任何一个线索，宁可认错十个，也不可错过一个的精神感染着我们，让我们更深刻地体会到这次收集行动的意义所在。就是要摸清楚我们所到之处的地方特色农作物种质资源，抢救性收集到即将失传的古老品种或其他珍稀野生植物种质资源；而且吉老师每发现一个资源，通常很关注这个资源在当地的开发潜力如何，是否能够成为当地可开发利用的特色种质资源，进而带动乡村经济发展。

吉老师（左一）仔细查看种质资源

2019年11月，在留坝采集一份重要果树资源枝条时，遇到下雪，有一段上坡路，坡陡路滑，地上结了一层薄冰，当车走到半坡时车胎打滑上不去，司机既不能加油硬上，又不能踩刹车，车上安静地能听到每个人的呼吸，司机控制不了下滑的车，情况非常紧急。只见吉老师迅速打开车门，飞快跳下车，蹲下身子慢慢滑到路边，将路边的石头滚到车后面，挡住了还在下滑的后轮。车停下了，司机说他出了一身冷汗，我和车上的老师们又何尝不是呢，大家都松了口气。随后我们也纷纷下车，有人刚下车就被滑倒坐在地上爬不起来，吉老师见状赶紧朝我们喊小心点，让我们先蹲下身子慢慢往前滑着走，这样重心低，不容易摔跤。这时我才明白吉老师下车后为什么一直蹲着身子往前挪。因为这段路是阴坡，冰溜一时半刻是消不掉的，吉老师带领大家在路边折些树枝，找些木棍等，沿着车前轮往前铺一段，车过去了大家又把后面的树枝和木棍捡起来再移到前面，就这样不断地重复着，通过增加车轮与路面摩擦，小心前行，终于走过了这段险路。突发事件化险为夷的背后，让我更加感受到了吉老师的丰富经验和人格魅力，遇到任何事情都不慌不忙沉着应对，行事果敢当机立断，经验丰富指挥得当，好像只要有吉

吉老师带领队员行进在积雪的山路上

老师在大家就没有过不去的坎，每个人都特别安心，这种感觉像信念一样让我们克服了一个又一个困难与险情，也让我备受鼓舞。

供稿人：西北农林科技大学农学院　张耀元

2. 黄土高坡上种质探寻 —— 心系资源，执着坚持

2020年7月，吉老师带领陕西调查队第一队全体人员前往佳县和彬州市开展农作物种质资源普查与收集，历时半个多月，时间长，成效显著。抢救式收集种质资源，是吉老师的执著，是农学人的信念，更是每一个种质资源人的报国梦……

吉万全教授在山上采集资源

彬州市梨树的种类很多，尤其老遗生梨和水遗生梨是彬县最具特色的古老品种，我们走镇串乡几天都没找到，感到很失望，但吉老师鼓励我们说，只要我们坚持，不放弃，一定会找到的。在走访中，一位80多岁的老人告诉我们在他能上山时，他见过山顶上有一棵水遗生梨树，不知现在还活着没。听了这个消息，我们兴奋地跳了起来，吉老师激动地说，走，上去看看。那时我的肚子早已饿得咕咕叫了，低头看了看手表，此时已下午2点多钟了，我们还没吃午饭，这里比较偏僻，周围没有吃饭的地方。

大家劝吉老师不要上去，山高路险，担心他腿伤加重，吉老师不顾腿伤，冲在前面。这里的山不大，但路很陡很险，并且老乡们很多年都不上山了，路上已长满了荒草，走着走着就找不到路了，我们不知道树的具体位置，走了很多冤枉路，一个多小时后，我们终于找到了老乡描述的那棵树，树的主干已大部分干枯、空心了，只有一个主枝还活着，大家都喜出望外，我们挂了牌子定好位置，又剪了些枝条带下山让老乡辨认。下山的路更加艰辛，遇到危险的陡坡时，吉老师就走在前面与大家手拉着手互相搀扶着，每挪一步他就用他的脚用劲儿地踩踢，直到踩踢出脚窝他才换另一步，重复着同样的动作，目的是为走在他后面的人开道，不时提醒大家注意安全，跟着他踩的脚窝走。一路上吉老师言传身教，让我为之感动。

回到山下，老乡辨认了我们带回来的枝条，说我们采的不是老遗生和水遗生，是平梨枝条。犹如一桶冷水从头顶浇下来，我们的心一下子哇凉哇凉的。听老乡讲，过去的老梨树，一棵树上要嫁接几个品种的，不然树不好结果，一般都嫁接有老遗生和水遗生，也有将其他品种再嫁接到老遗生和水遗生的枝条上的，这样一棵树就出现几个品种了，我们找到的这棵树，老遗生和水遗生的枝条已经枯死了，活着的这个枝条是平

吉老师带领大家上山采集资源

梨。当我们正沉浸在失望中，又来了一位70多岁的老乡，他告诉我们前几年他在山上放羊，见过对面山上有老遗生和水遗生树，并且老人自告奋勇给我们带路，这又让吉老师兴奋起来。

吉老师说走就走，这座山比刚才那座山更高更陡，路更险要，但有老乡带着没走冤枉路，果然在一棵树上，我们顺利无误地采到了老遗生和水遗生的枝条。这棵树究竟有多少年老乡们都说不清楚，活着的枝叶已经寥寥无几，给我们带路的老乡说，他小时候这棵树就已经长很大了，所以树龄肯定比他年龄大不少。

给资源挂牌

当我们离开大山时，已是吃晚饭的时间了，大家没一人因没吃午饭肚子饿而乏倦，都沉浸在收获的兴奋与喜悦之中。当我们看到吉老师一瘸一拐的背影时，心里酸酸的真不是滋味。一个执着的人带领一行人；一棵老梨树牵动着大伙的心；一份份优质濒危资源牵动着千万人的心。

供稿人：西北农林科技大学农学院　苗含笑

3. 志引同学，平移课堂

雨天的山路是湿滑的，泥土混着杂草的味道是清香的。这一路我们走走停停，因为吉老师会时不时地考考我们，真正地将课堂平移到了山间小路，那时走的山路也变得有趣起来！吉老师突然停下问路边的一棵"杂草"是什么，我一脸茫然，老师给出3次机会我都没回答对，他轻轻地拔出小草，指着根部对我们讲："你看，这棵'杂草'虽然长在路边，却是一种中药材，名叫远志，药用部分就是根部的皮，开紫蓝色的小花。"他告诉我们说小时候家里穷，经常利用放学、放假时间，采集这类药材拿去卖钱贴补家用。吉老师讲得很生动，经常会将自己的经历穿插在路边的小课堂里，他还向我们普及了很多路边常见的小麦近缘种，有赖草、鹅观草、披肩草等，都可能成为小麦远缘杂交的亲本材料，我们受益匪浅。

供稿人：西北农林科技大学农学院　苗含笑

4. 黄河岸边资源调查

2020年7月9日，西北农林科技大学农学院吉万全教授率领陕西调查队第一队前往佳县开展农作物种质资源的调查与收集工作。佳县位于陕西北部、黄河西岸，这里气候干旱、沟壑纵横、种质资源丰富。

（1）运筹帷幄——不打无准备之仗。到了佳县，吉老师带领我们来到佳县农业农村局的会议室。在出发前，吉老师已与农业农村局相关人员联系沟通，安排了佳县农作物种质资源调查与收集座谈会。会议由农业农村局领导主持，参会人员除我们第一队全体成员外，还有当地退休前主管果树和农作物的老专家及农业农村局参加普查的工作人员。会上，农业农村局领导首先介绍了佳县的基本情况，吉老师介绍了任务及行动的重点，接着老专家和普查队员对果树、蔬菜、农作物及特色种质资源等的分布及特点进行了认真细致的交流，让我们进一步了解了佳县粮食作物、经济作物、蔬菜、果树等的基本情况，为后面能顺利完成调查与收集任务打下了坚实的基础。每到一个村庄，吉老师首先带领大家和当地村镇干部座谈交流，介绍此次行动的目的、意义及任务，然后由村镇干部带领去农户家收集资源，减少了当地村民对我们工作的误解，拉近了与村民的关系，使得调查与收集工作得以顺利高效进行。在许多琐碎的工作中我们深刻地领略了吉老师的组织才能。

（2）乐此不疲——吃苦耐劳精神。无论山路有多么险陡，只要有要收集的资源信息，吉老师从不放弃。再高的山，再险的路，他都要亲自带领着大家前往，常常是开路先锋。7月12日，我们来到康家港乡麻地沟村，老乡告诉我们山上有棵老杏树，果子既甜又香，口感很好，但路窄坡陡不好走。吉老师就从老乡家借了一把锄头，带着几个老师一边挖脚窝，一边往上走。遇到险要路况时，他总是让我们在山下等候，他带人上去挂牌、定位。"上山容易，下山难"，当我们看到他们完成任务返回下山时，吉老师走在最前面，手拄木棍，时而蹲在地上慢慢地往下滑，时而起身靠着木棍支撑着向下移动，还不时地转身提醒后面的老师，要慢慢下，安全第一。这一幕幕场景让我们提心吊胆，让我们为之动容，更让我们敬佩吃苦耐劳的吉老师。

（3）博学丰富的专业知识——良好的专业素养。在每一村每一户的寻访调查过程中，吉老师一眼就能看出来是否是我们要找的古老品种，还会耐心地给我们讲解与现在新品种的区别，比如颜色、形状、抗性及口感等。吉老师不但有博学丰富的专业知识，而且具有良好的专业素养，无论果树、蔬菜、作物等古往今来的东西，它都能给我们讲解得清清楚楚，使我们活学活用，不断进步。

吉老师手拄木棍下山

供稿人：西北农林科技大学农学院　程小方

（二）大山深处种质资源藏宝人——甄铁军

2018年7月28日下午，种质资源普查陕西调查队第二队与麟游县种子管理站一行，出县城往东沿漆水河一路前行20多km，到了九成宫镇紫石崖村的地界，这里撤乡并镇前属庙湾乡所辖。在水泥路畔一处叫新庄源的村子开始访问调查。当得知桑树坪庄子的甄铁军老两口爱鼓捣一些老品种时，调查队立即决定前往调查。

由于道路崎岖，车辆无法通行，调查队员就抬上箱子，背上样品、收集用具和设备，冒着酷暑，相互挽扶着下坡、涉河，顺着荒草小路向目的地进发。等到了甄老汉家门前时，大家已累得汗流浃背。瞩目观看，呈现在我们眼前的竟然是三孔饱经沧桑的老窑洞，院子里种有各类蔬菜、果树。当主人得知我们是在进行农作物种质资源普查时，顿时喜出望外，高兴地把我们让进院子，倒茶递水，热情招待。访谈中，甄铁军老两口对自家的粮、油、菜、果品种如数家珍。

甄铁军老人，71岁，是这里的老住户。老伴65岁，是早年从甘肃武都逃难过来落户的。他们都是经历过20世纪饥荒的人，深知粮食的珍贵。早在大集体时，他们就喜好在地头院落种些杂豆、蔬菜、果树，以弥补生活之需，这一习惯一直延续至今。说话间，老人将自己"种子宝库"里的宝贝一一翻出，有近乎失传的红酒谷、老荞麦、帚用高粱、麻葫芦及红小豆、菜豆（芸豆）等，琳琅满目，多达20余个作物品种。老人指着菜地介绍说，这是种了40多年的割葱，种一次，可收割几茬，炒菜炝汤可香啦；那是几十年前的小麻子，榨的油质量确实好；这是过去的麻葫芦和菜豆，冬储后年节炖肉特别好吃；那是20世纪50年代种过的蓖麻，到了冬天砸烂作润肤膏用……虽然生活仍然很艰辛，在老人脸上呈现的依然是对生活的自信和满满的自豪感。

调查队查看甄铁军家的种质资源

兴头上，老甄的老伴挂着拐杖近前补了一句，我家的桃、杏、苹果都是以前的老品种，我还嫁接成功了一颗苹果林檎树呢。于是，大家又兴致勃勃地前去观看，这棵树有30cm粗，高约5m，分两个主权（分枝），半边是林檎、半边是白果（野苹果），这一奇观实属罕见。老太太自豪地说，果子丰收了，除了给儿孙邻里送着吃，还拿到城里卖钱呢。

林檎

不知不觉太阳落山了，我们踏着晚霞满载而归。这一趟，从朴实、憨厚的甄铁军老人家征集到了20多个种质资源样本。

供稿人：西北农林科技大学农学院　冯佰利

麟游县种子管理站　李涛、张栓文

（三）遇见太白

印象中的太白县有得天独厚的自然景观、优越的生态环境和丰富的人文资源，我有幸参加了第三次全国农作物种质资源普查与收集行动，对太白的风土人情有了更深刻的体会。

沿着崎岖的山路，历时3个小时我们到了太白县县城，第二天一大早队员们就奔赴第一个目的地——太白县靖口镇水蒿川村，经过和村委会领导座谈后我们了解到这里有我们需要征集的稀缺资源，大家万分欣喜。第一站我们来到了一位叫穆引翠的农户家里，得知我们的来意后这位村民很热心地和我们交谈起来，起初她并不觉得那些资源有多稀奇，没有把家里的种子拿出来，队员们仔细询问后发现穆女士家里储存了不少她先人们留下来的稀缺种子，而且这些种质资源正面临消失，正是我们国家要保护起来的稀有资源，那一刻她才觉得那些资源的确能帮助到我们，于是穆女士热心地带我们在房前屋后看长成的植株，还爬到自家的房顶阁楼上帮我们仔细寻找，当穆女士一次又一次地拿出那些种子后，队员们争先进行整理，生怕漏掉一个。随后穆女士还努力回忆着村子里别人家可能会有的资源，让我们在水蒿川村的资源征集行动异常顺利，共收集资源27份。穆女士的朴实敦厚也是太白人的缩影，感恩这些淳朴的人，有了他们使得我们的工作有了意义。

遇见太白的自然风光，遇见太白的丰富资源，遇见太白朴实无华的人，我们在行动中收获着，也在行动中感受着太白，气势如此之大、景色如此之美、科研价值如此之高、离大城市如此之近的自然景观，实属罕见。

队员们分工协作　　　　　　　　　　　　队员整理种子

供稿人：西北农林科技大学农学院　　王艳珍

（四）守得宝资源　种得金银山
——"黄香蕉梨"资源守护者杨高社

　　2018年7月29日，"第三次全国农作物种质资源普查与收集行动"陕西调查队第四队在潼关县种子管理站站长郑芳丽的带领下，来到了潼关县秦东镇寺角营村。

　　在进村的土路旁，队员们看见了一片长势旺盛、枝繁叶茂、果实累累的梨树园，看着梨园管理精细、果实繁茂，认定这一定是有多年梨树种植经验的专业农民的果园，再细看果实、枝叶等形态，似乎与当前当地市面上售卖的梨果品种有一些不同，推测可能是老品种。于是进到村子里进行打听，最终得知这是一位名叫杨高社的村民种植的老品种梨——黄香蕉梨。

黄香蕉梨树

　　据杨高社讲，由于看到儿时经常吃的特别好吃的黄香蕉梨渐渐从社会消失，作为地方品种，现在已濒临灭绝，为此而感到特别惋惜。然后凭借自己满腔热血，10多年前从别人那里买来仅有的几株梨苗，进行黄香蕉梨的保护。这一干就是10年，经过杨先生的坚持不懈，现在梨园种植面积大约4亩，并且周围只有他一家有黄香蕉梨，黄香蕉梨色泽鲜艳、外观漂亮、气味飘香，新摘果实脆甜爽口，年轻人尤喜食用；黄香蕉梨耐储存，后熟5~10d果肉酥软，此时特别适合中老年人食用。黄香蕉梨品质优良，产量可观，具有很高的市场发展前景，在杨先生的努力下，黄香蕉梨已经渐渐重新步入市场，而且他的4亩果园每年都有比较不错的收入，谈及此，杨先生脸上露出了灿烂的笑容。杨先生表示会一直精心呵护这片梨园。

　　杨先生这种为了儿时的回忆决心保护黄香蕉梨的意识与行为，让人动容，十几年如一日，为我们保留了这份珍贵的地方品种，为国家种质资源库贡献了一份宝贵的资源，这种精神非常值得我们敬重。

黄香蕉梨果实　　　　　　杨高社（右一）向队员们介绍他的黄香蕉梨

供稿人：西北农林科技大学农学院　张俊杰、赵继新

（五）科学分工　精诚协作

——记陕西调查队第一队

农业是国民经济的基础，种业是农业的"芯片"，而种质资源又是种业的基础。农作物种质资源是保障国家粮食安全和农作物供给侧改革的关键性战略资源，种质资源的保护与利用已成为重中之重。2020年7月9—23日，陕西调查队第一队对佳县和彬州市的种质资源进行了调查与收集。

第一队由5名老师和2名硕士研究生共7人组成，西北农林科技大学农学院吉万全教授为队长，园艺学院赵利民教授为副队长，成员有农学院陈春环老师和赵继新老师、园艺学院关长飞老师及硕士研究生苗含笑和程小方。在为期半个月的相处中，大家各司其职、精诚协作，度过了一段终生难忘的日子。

调查队与陕西省站领导、彬州市农业农村局领导和调查人员、当地农户合影

吉老师主要负责核对收集到的种质资源和资源库里现有的是否重复，每收集到一份种质，他就急忙打开手机查询比对；赵利民老师主要负责蔬菜的收集；陈春环老师主要

负责粮食作物收集；赵继新老师主要负责对收集到的资源进行拍照；关长飞老师主要负责果树的收集；苗含笑主要负责填写资源调查信息表；程小方主要负责整理种子和录入信息。

调查队在农户家收集资源

我们不仅要做好种质资源的调查与收集工作，而且也时刻关注"三农"问题。在佳县和彬县种质资源的调查过程中，老师们还凭借自己的专业知识为当地的农民解决了很多长期存在的现实问题。

陕北干旱少雨，无霜期短，温差大，且地面崎岖不平，沟壑纵横。在佳县调查种质资源的过程中，由于佳县气候干旱只能靠天吃饭，吉老师看在眼里急在心里。吉老师根据当地的生态环境为他们出谋划策，鼓励他们发展多样化的特色产业，比如"老甜瓜""老花生"等规模化种植，形成产销一条龙服务，这样从根本上就改善了当地人民的生活困难。

在佳县刘泉塔村蔬菜大棚基地，赵利民老师通过多年的知识积累和专业技术研究，绘声绘色地给当地人讲解种植大棚蔬菜如何高效利用有限的空间，具体到如何搭建，选哪种器材性价比更高；给管理人员讲解不同的环境条件有哪些注意事项，以及如何节约成本、提高产量和品质等，这样在很大程度上提高了农民的收入。

调查队参观佳县刘泉塔村蔬菜大棚

柿树喜温暖气候，需要充足的阳光，且耐瘠薄，抗旱性强，等我们到达佳县的时候，主要研究柿树的关长飞老师看到了这里独特的生态环境顿时眼前一亮，对于一直从事柿树研究的他有了新的想法，比如"柿树北移"：可以将不同品种的柿树移栽过来，借助不同的生长环境拓展新的柿树资源，这有利于我们挖掘新的种质。

还有我们队的陈春环老师和赵继新老师，他们也都是从事农业科研多年的专家，凭借扎实的专业知识储备给当地农民在农业方面提供了很多宝贵的经验。

收集种质资源，我们各司其职，团结协作；关注民生，老师们更是知无不言，言无不尽。这次种质资源的调查与收集，使我对我所学的农学专业有了一个更深刻的认识。作为新一代的农业人，我们有责任有义务学习先进的农业科学技术，为更好地解决我国的"三农"问题贡献自己的力量。

供稿人：西北农林科技大学农学院　程小方

（六）摸清"家底"　守好"初芯"
——丁卫军

华阴市通过开展第三次全国农作物种质资源普查与收集行动，让许多古老、珍稀、特有、名优种质资源揭开了神秘的面纱，重新走近我们。在此次普查与收集行动中，丁卫军带领全体普查员进山上塬，跋山涉水、战酷暑、斗严寒，跑遍华阴沟沟岔岔，基本摸清了华阴农作物种质资源家底，超额完成任务，共计征集粮、油、豆、麻、菜、瓜、果、杂、饲料等9类作物地方品种及其野生近缘品种126份，华阴市种子工作站被授予全省种质资源普查先进单位，作为种子工作站的"班长"，他也因此受到各级表彰和肯定。

1. 迅速行动，摸清底数

种质资源普查征集，涉及部门多、地域广、年代久、种类多、专业性强，做细做好不易。"要做就要做好"。陕西省培训会暨种质资源普查与收集工作动员会召开后，丁卫军第一时间向上级领导汇报，着手制定具体实施方案。为取得各级重视，形成合力，他多方协调，以华阴市政府文件形式将《方案》下发到6个镇办17个部门。普查阶段，为提高工作效率和质量，他挑选业务能力强的干部，分成3组，分别负责1956年、1981年、2014年3个时间节点普查表的填写，将需要调查项目按部门职能分类打包，集中利用一周时间分头深入农业、林业、土地、水利、民政、宗教、公安、统计、档案等部门，大量查阅资料，走访老同志和实地调查，全面掌握具体数据。而后安排熟练掌握电脑技术和普查系统填报人员仅两天在渭南市率先完成先期普查工作，基本掌握摸清了华阴市农作物的种植历史、栽培制度、分布范围等信息，为后期征集工作奠定了良好的基础。

2. 全面撒网，重点突破

丁卫军先后3次带队参加省市组织的集中培训，在充分吃透文件精神的基础上，利用夜校时间，从普查收集行动的重要意义、目标任务、普查内容、范围、方法、期限与进度、注意事项等方面对全体干部进行4次集中培训学习，让工作人员熟悉业务，知道要干什么，怎么干。印刷公告300余份，宣传资料12 000余份，组织乡镇干部逐村张贴，在微信朋友圈、工作群发布公告及工作动态200余条；利用参加渭南广播电台《人物访谈》栏目的机会，大力宣传普查征集工作，向社会公布征集电话，不断扩大征集范围。由于宣传到位，有农民群众自发送来种质资源实物，有群众打来电话提供信息，有效提高了工作效率，资源种类数量不断丰富。

无论在深山野林，还是在塬区峪道，他始终身先士卒，躬亲示范，与同志们并肩作战，不畏烈日酷暑，进村入户，进峪上山。渴了，喝口凉水；饿了，吃口干粮；累了，席地而坐。得知野生迷你猕猴桃资源信息，他先后带队8次进入蒲峪，在人迹罕至深峪发现并定位。到了最佳采枝期，还在外地培训的他，利用十一假期，带领两位同志实地采集枝条，到了地点，才发现因秦岭北麓治理种质资源遭到破坏。无奈只能雇佣当地向导，进入更深峪道深山，费尽周折，最终如愿以偿，不但找到了黄绿色果肉品种，而且发现了珍稀红色果肉品种。饿着肚皮山沟跑，走破鞋子磨破脚，每征集到一个资源，他心里就寻思下一个征集目标。

丁卫军（左二）在华阳山区征集枕头南瓜

征集工作中，他结合华阴实际，本着先掌握信息后实地调查，先山外后山内的原则，分3组（每组3～5人），重点对老310国道以南沿山区、塬区、秦岭峪道、华阳山区的"五老"人员（老村干部、高龄老人、老护林员、老畜牧员、退休农技员）进行逐户摸底调查，对重要发现他亲自带队实地调查、定点。为保证采集质量，他利用电话、微信与省级或国家级专家取得联系，确定最佳采集时间与方法。

3. 鼓励激励，创新工作

为调动各方力量广泛深入开展种质资源征集工作，他结合实际研究制定了五条具体鼓励激励办法：凡是电话提供种质资源有价值信息的，经查实，每条信息送电话费用或赠送纪念品一份（印有"第三次全国农作物种质资源普查与收集行动"标志的T恤）；对确定征集的作物品种，给予提供种子（植株）的单位或个人，按照该种子或植株市场价5～10倍价格进行收购；对主动提供并确定征集种质资源实物的单位或个人，在付费收购实物基础上，支付2～3d劳务补贴；对于临时聘请的调查向导，引导工作队到达征集点或协助完成采集种子（植株）的，每天支付劳务补贴；对于提供信息或实物，协助完成调查，经鉴定入库，特别是重大发现，受国家表彰的，给予奖励。与此同时，他还总结提炼形成"查、访、定、采、送"五步工作法，"查"，通过大量查阅统计年鉴、地方志，华阴农业资源调查和农业区划报告集、渭南国土资源等资料，查清作物古老地方品种和野生近缘植物的分布范围、主要特性以及农民认知等基本情况和重要信息；"访"，通过召开座谈会、入户走访等形式，重点对农林业退休的老干部、老专家、拔尖人才及爱好野外徒步驴友等进行访谈，分组对沿山区、峪道、偏远村庄等重点区域"五老"人员逐户咨询，掌握重要信息资源，筛查征集目标；"定"，主要负责人带队，对搜集筛选的重要信息，实地查看定位，摸清基本信息，联系有关专家，确定最佳采集方案；"采"，于最佳采集时间根据定位信息，实地采集，简单保鲜处理；"送"，规范操作，制作标本或保鲜处理，编号填表，及时报送汇总。

普查征集工作中，他发现了种植了20~50年的菜豆、杂粮、南瓜等老品种，发现了有50多年历史的祝光苹果，发现了王埝梅子、华阴黄梅、华阴林檎（笨林檎、六月红）等古老品种，发现了野生迷你猕猴桃珍稀资源，还有刺嫩芽（龙牙楤木）、龙培、白香椿等木本蔬菜。经过宣传推介，个别产品资源已引起了有关种植户和农业农村局的重视，对全市培育新兴特色产业具有很大的现实意义。

"家底"摸清了，任务完成了，保护利用却永远在路上。爱农业、爱农村、爱农民是他不变的初心，守好"初芯"，让老、奇、特种质成为农业芯片，为农业插上腾飞的翅膀依然是他心中最大的梦想。

丁卫军（左一）在征集老林檎

供稿人：陕西省华阴市种子工作站　丁卫军

四、经验总结篇

（一）科学分工，团结协作，有序推进太白县资源收集

"第三次全国农作物种质资源普查与收集行动"陕西调查队共4个分队，我们是第三队，奔赴太白县。队伍共有5位成员，由西北农林科技大学张恩慧教授任组长，邓丰产副研究员任副组长，队员有西北农林科技大学郝引川研究员、陕西省杂交油菜研究中心张文学副研究员以及王艳珍博士。太白县种子管理站谭主任和郭彦君站长在此次收集行动中给予了很大帮助。通过项目启动会，小组成员对此次行动有了明确的认识，出发前也召开了小组会议。本次在陕西太白县收集到优异种质资源80份以上。经过这次考察收集活动，有以下经验值得在今后工作中继续发扬。

1. 分工与协作结合

调查队到达目的地太白县后，及时与当地种子部门、农业部门领导一起商议调查有关事宜。进行了分工，明确了每个成员的职责，因为分工是提高劳动效率的基本手段，但在实施过程中因时间紧，人员又少，有时农户分散，又要在有限时间内获得最大信息，张恩慧队长为了提高效率临时将队员分组，有时候需要一人兼多职，但总体来说做到了分工不分家，坚持目标一致性，相互支持，相互配合，各组成员积极主动，哪个位置需要，就很快补到那个岗位工作。有时司机师傅也加入了队伍，帮忙装种子、拿标本、拍照片等，大家齐心协力，最后圆满完成任务。

2. 走访与实察结合

走访当地农户是本次资源收集的主要形式，因为他们是古老资源的保护者、驯化者及拥有者，他们掌握第一手信息资料，与其交流会使我们收集目标准确、效率倍增，所以我们采用了召开村组集体座谈会、入户交谈等形式。经过了解当地资源现状后，根据讲述内容再进行分析，去种植现场实地考察。

如我们在太白县靖口镇水蒿川村采用了集体座谈，村民小组组长孙林介绍当地品种资源，较详细介绍了其分布、部分特点及目前有无种植等，使考察组活动更精准明确，

这也是在这个村收集资源数量最多（共27份）的主要原因。又如在姚家山采用入户走访，开始说明我们是收集老资源时，他们说现在没有人种了，但经过耐心攀谈，实地发现有玉米时他们才说是老苞谷，但多年未种了，挂在外面旧房柱子上，我们去一看还真是老谷穗，是这一次唯一见到并收集的谷种。后来他们又说有辽东白玉米，我们就请来玉米专家郝引川前去观看，结果只有十几棵，并且和新品种混种，最后决定让他们单收保存留种，并留下了联系方式。

太白县靖口镇水蒿川村座谈会
（2018年7月29日）

2018年8月3日在姚家山现场考察
'辽东白'玉米生长情况

3. 固定与随机结合

根据安排，这次太白县考察3个乡镇9个自然村，它们是鹦鸽镇莲花湾村、姚家山存、马耳山村，靖口镇散军塬村、水蒿川村、庙台村，黄柏源镇核桃坪村、二郎坝存、黄柏源村。实地考察过程中我们去了4个乡镇共11个自然村。考察收集点是项目组在参阅大量历史资料，经科学分析后确定的，具有资源分布地域代表性，应该严格遵守执行，但在行进过程中可以根据沿路植物生长和地形情况分析，随时发现随时收集，如考察队在路途中发现野海棠、野燕麦及野生豆科植物等珍稀资源。

野海棠

野生大豆

4. 收集与分析结合

在收集过程中，发现有些极为相似的资源，这就要细心观察，询问来源，如和以前收集到资源的农户有无远房亲戚关系，或者从哪交换、购买等，最后决定去留。尤其是熊猫豆，差异较大，有各种颜色，黑白镶嵌居多，各地都有，大家经过观察分析商议决定去留。有些混杂几种颜色的种子，大家就现场精心挑拣有用的装入种袋，并记录。

队员们在挑拣需要的资源

5. 有偿与无偿结合

资源是有价值的物品，应该有偿收集。但现实生活中农户文化程度差异较大，每个人性格特点不一，有的文化程度高，性格开朗，思想活跃，善于交流的，经过队员宣讲本次资源收集的目的、范围及重要性，一旦有了认识，他们感觉到捐献资源是为国家做贡献，感到光荣，不计报酬，就采用现场表扬方式，如太白县井口镇水蒿川村穆引翠就分文不收。反之，对那些认为收集自己种子就得付费的村民，我们就采用直接购买的形式收集。

太白县靖口镇水蒿川村穆引翠提供的资源

6. 影像与文字结合

有些资源有种子可以直接收集，进行文字记录。而有些资源由于正处于生长季，还未到收获期，经过实地观测有收集的必要，却无种子，又不好语言描述，就采用生长期实地拍照，便于下次去征集。

资源植株照片

7. 队徽与制服结合

在调查过程中发现许多农户有戒备心理，了解得知他们怕上当受骗。所以每个队员在整个收集过程中穿制服、佩戴队徽，再加上自我介绍和当地种子管理部门领导引荐等多种办法打消他们的顾虑，使他们积极配合资源收集工作，自己有资源就提供，没有也可以主动介绍别的农户，这样帮助我们快速扩大收集范围，提高工作效率。

队员徒步去考察资源

8. 宣传与收集结合

太白县种子管理站印发了《关于公开征集古老名优野生濒危农作物种质资源》通告，告知了征集范围、征集内容、征集方式、联系方式等，在考察收集过程中又进行张贴宣传，希望征集活动能深入人心。收集是最终目的，我们到的地方有限，不能把此次活动普及到每位农户，而纸质宣传具有广泛性、长期性，能使更多农户了解国家对农作物资源的重视程度及征集资源的意义。

总之，本次考察搜集到了不少资源，特别是当地群众称作"鸟蛋豆""熊猫豆"的资源比较多，也收集到了一些稀少的资源，如老苞谷、紫苏、红皮核桃、百年黄花菜等，但一些价值较大的蔬菜、主粮作物极少，牧草类资源没有收集到是这次的遗憾，今后需要继续加大挖掘力度，最大限度保存保护有用资源。

供稿人：陕西省杂交油菜研究中心　张文学

（二）潼关县农作物种质资源调查与收集行动纪实

2018年7月26—30日，陕西调查队第四队在陕西省潼关县种子管理站的大力支持下，进行了潼关县夏熟农作物种质资源调查与收集工作。

调查与收集期间，队员们在潼关县种子管理站站长郑芳丽的带领下，顶着烈日酷暑，冒着疾风骤雨，深入山区腹地，上深山下田地，进村入户，探访有经验的农户。由于山高路远，农户居住比较分散，为了能收集到几乎灭绝的农家种，为了采集每一份可能存在的珍贵种质资源，队员们翻山越岭，按照老乡提供的线索去寻找，午饭常常在下午3时左右才有着落。每当一份资源被我们寻找到的时候，队员的疲劳和饥饿瞬间被发自内心的兴奋和灿烂笑容所代替。即使在晚饭过程中，也不忘对当天种质资源调查与收集过程中存在的优缺点进行反思，以便于第二天能更好、更快、更有效地完成任务。其中，在潼关县秦东镇寺角营村访得有位名叫杨高社的农民，为了不让儿时经常吃到的特别好吃的老品种梨——黄香蕉梨从社会上消失，凭借自己满腔热血，十几年如一日进行黄香蕉梨保护与利用的意识和行为，让人敬佩，他为我们保留了这一珍贵的地方品种，为国家种质资源库贡献了一份宝贵的资源，这种精神非常值得我们学习。

调查队队员与杨高社（右一）合影

这种为了种质资源保护而积极努力的事迹很多。那是开始调查的第二天，发生在农户家的故事。我们调查队在郑站长的带领下来到农户家，开始询问农民一些关于种质资源的问题，可老农认为自己的东西就是很普通的东西，便一直摇头，这时陈越老师在征得农户的同意下来到农户粮仓，进行地毯式搜索，那样的阵势简直吓到了我们，结果还真被陈越老师找到了很有价值的种质资源。接下来又来到几家农户家里，陈老师在农户家中不断转悠，像猫抓老鼠似地进行种质资源搜索，一会儿后园子看看，一会儿粮仓看看，一会儿屋檐、房顶看看……生怕漏掉一份种质资源。其中令我印象深刻的是，来到太峪村的一农户的院子外，看到一棵陈老师小时候才见过的太峪君迁子，目测高达30余m，树干一人不能环抱，果树位于一个大斜坡边上，陈老师瞬间仿佛回到了童年时分，地形好似对他没有影响，三步并作两步就来到了果树面前，由于果树结果的位置有点高，正常是无法摘到果实的，再加上大斜坡，难度更大，这时陈老师捡起土块，用力一扔，竟然有部分果实落地。从陈老师一份份种质资源认真收集的工作中，从陈老师对待这项任务的心情，从陈老师在收集种质资源中的种种表现，能看出陈老师对这次种质资源调查与收集的热情与执著。

这次种质资源调查与收集行动共收集54份种质资源（瓜类3份、果树16份、粮食作物27份和蔬菜8份）。其中，最值得关注的主要有苤蓝（2018614051。数字为资源编号，下同）、玻璃脆甜瓜（2018614049）、芝麻粒甜瓜（2018614048）、黄香蕉梨（2018614052）等种质资源。

苤蓝（2018614051）在潼关县秦东镇凹里村的秦振东农户家中发现，苤蓝个头没有现在市场上的苤蓝个头大，产量可观，味道鲜美，作为地方品种，主要供自家食用，具体情况有待考察。玻璃脆甜瓜（2018614049）、芝麻粒甜瓜（2018614048）均在潼关县秦东镇西廒村的王缘缘家中发现，香味浓重，水分大，可解渴，糖分大，又脆又甜，现在市场中没有，一直是农户自留自种。

经过这次种质资源调查与收集行动，过程与心得如下。

一是到达县城前就与县种子管理站取得联系，在潼关县种子管理站站长的组织下，及时组织这次种质资源调查开幕式大会，了解该县村子整体分布情况，明确接下来几天种质资源的调查线路；同时，也了解该县种质资源分布情况，为种质资源采集准备好工具；了解该县环境条件，带好必要工具与药品，做好人员安全防护工作。

二是由向导带领调查队在乡镇的各个村庄进行种质资源调查。首先，与乡镇领导取得联系，组织会议，具体了解当地的种质资源分布情况，以及规划最合理的路线。然后前往村庄，进入农户家中，进行种质资源调查。关于种质资源的品种名称、种植年限、来源、生长习性、产量、形态特征、口感等方面，虚心向农户请教。按照要求，收集一定量的种质资源，并且给予农户提供平均每份10元的经济补偿（留有农户详细信息，如家庭住址、联系方式、身份证号、签字、手印等具体信息），使用GPS进行精细定位，保存并记录。最后调查队员与农户进行集体拍照留念，同时农户单独拍照，以保存种质资源提供者照片信息。晚上对于种质资源纸质版、照片等信息进行及时整理归类，并对白天做的一些不足之处进行总结，改进第二天的调查方式。

三是遇到果树，调查队向农户了解果树的各种信息，并对果树的周边环境、整体形态、局部叶片、果实等部位进行全面拍照记录，使用GPS进行精细定位，使用卷尺对果树的茎粗等数据测量并记录，如果果树过高，则使用目测估计果树高度。然后等到秋季果树落叶，果树进入休眠期时再按照要求进行采集。

四是及时组织该县种质资源调查总结大会，对这次种质资源调查进行最后总结。对于一些没有收集到的种质资源，让种子管理站进行记录，准备下次征集时再去收集。

调查队与潼关县种子管理站召开调查与收集工作总结会

供稿人：西北农林科技大学农学院　张俊杰

（三）陕西省多措并举，大力推进农作物种质资源普查工作

农作物种质资源是农业原始创新的物质基础，普查任务启动以来，陕西省各级农业主管部门高度重视农作物种质资源普查工作，在组织协调、人员调配、政策、资金等方面给予大力支持。普查人员凭着满腔热情，在设备简陋、人员不足等不利情况下，忍受着酷暑严寒，跋山涉水，深入偏远山区征集种质资源，为陕西省普查任务完成做出了突出贡献。

1. 工作成绩突出，超额完成指标

（1）建立了完善的普查体系。一是陕西省农业农村厅党组专门成立了普查行动领导小组，负责该项工作的总体调度，并在陕西省种子管理站设立领导小组办公室，成立了种质资源管理科，管理和协调本次普查的日常工作。二是制定《陕西省农作物种质资源普查与收集行动实施方案》，对普查工作进行全面安排部署，各项目实施县分别印发普查实施方案，成立领导机构，为普查任务的顺利完成提供了坚实保障。三是组建以种子站技术人员为主近200人的专业普查队伍，并配备了相关的普查设备。四是吸纳省内科研教学机构的小麦、玉米、油菜、水稻、蔬菜、果树和茶树等多个学科知名专家组成技术指导专家组，为业务技能培训、资源鉴定提供了强有力的技术支撑，促进了普查和收集工作的全面深入开展。

（2）资源征集工作成效显著。陕西农作物种质资源的大量补充和抢救保护，为陕西种质创新和突破奠定了坚实的基础。此次普查，陕西省采集和标记各类资源5万余份，通过比对国家种质库和专家组远程鉴别等鉴定方式，各普查单位共向西北农林科技大学报送种质资源材料2 500余份，再经西北农林科技大学初步鉴定，2 010份左右的资源具有利用价值，可以进行进一步鉴定和评价。其中农家种1 627份、野生种383份，涉及粮食作物634个、果树392个、蔬菜617个、经济作物213个、其他154个。各县均超额完成普查任务指标，部分县完成了任务指标的640%，全省累计完成任务指标的180%，资源普查任务全面完成，成果可喜。

（3）发现大量利用价值很高的种质资源。此次征集中发现了大量优异种质资源，有100多种农家品种在当地生产生活中广泛利用，其中近30种已成为名特优资源，在当地脱贫致富和经济发展中发挥着重要作用。

旬阳县狮头柑：是一个天然橘柚杂交品种，具有生津化食、止咳化痰、生血等功效，把其放在炉火中烤，然后趁热给小孩吃下，能起到止咳的作用，当地人把狮头柑作为招待客人的重要果品，旬阳县狮头柑面积3 000余亩，农民人均增收1 350元，该产业如今已成为冬青村致富的支柱产业。

镇安县象园茶：因清朝乾隆年间始种于镇安县象园村而命名，迄今有300多年的种植历史。茶园多分布于海拔800～1 600m的高山上，茶叶养分积累多，水浸出物比例高，富含锌、硒等多种微量元素。象园茶已通过ISO 9001质量体系，有机产品、绿色食品认证和农产品地理标志登记，先后在省内外茶博会和茶叶节上荣获各类金奖16项。

大荔沙苑红萝卜：成为当地一大支柱产业，种植面积稳定在6万多亩，亩产2 000～2 500kg，产值1.2亿元，相关专业合作社40余家。

洋县"五彩稻米"：黑、红、绿、紫、黄5种颜色的稻米，已经形成商品投放市场，2018年洋县全面实施发展以黑谷为主的黑米产业5万亩。

凤翔县透心红萝卜、纸坊热萝卜：种植面积超过千亩，质优畅销，是当地群众增收的主要产业之一。

潼关铁秆笋：比一般食用的菜笋质地细密，是腌制著名的潼关酱菜的主要原料，腌制后清脆适口，现种植面积200多亩，在该县已形成一个产业链。

此外还发现了一批抗逆性强、品质优良的具有潜在利用价值的种质资源。

蒲城野生水芹菜：可鲜食，具有一定的清热、平肝、调整失眠等药用价值，而且还具有耐瘠、耐旱、耐寒、抗病、品质好、生长期短的优良性状，是开展优良品种选育工作的宝贵资源（县志有记载）。

华州的赤水孤葱：具有葱白细嫩、皮薄、味稍甜、纤维素含量低等区别于其他葱的优质特性，被当地称为"炒葱花水上漂，蒸包子不塌腔"。

大荔马串铃杏：抗寒性较好，坐果能力强，花粉量大，在大荔县苏村镇一带杏树栽培中将其作为授粉品种，提高主栽品种的坐果率。

此外，在石泉县高山中发现一片野生红花藕，自然生长八百余年，花期长、漂亮、口感好，现在自然繁殖到5亩，开发利用潜质大。在华阴市蒲峪沟发现了黄色果肉和红色果肉的野生猕猴桃。在韩城市板桥镇山区发现500亩左右的野生毛栗子。在渭南市华州区收集到了当地种植几百年历史的老山药，品质优良、保健利用价值极高。

还发现了不少濒危稀有珍贵资源，如紫阳的茶叶品种大叶泡（紫茶一号），以目前了解到的国内资料看，全国仅存一株；紫阳野生甜茶和铁瓜栽培历史悠久，仅县内个别村有零星分布；陇县老洋麦为当地稀有老品种，具有耐瘠薄、抗寒、面粉劲道等特点；蒲城太峪发现的林檎（1棵）、郑家杏（6棵）系濒危资源。

2. 方法措施得力，工作推进迅速

（1）资源普查工作前期准备充足。在项目启动前，陕西省成立了普查行动领导小组、专家组、资源管理科等管理机构，并配套普查资金440万元，确保普查工作顺利完成。同时建立种质资源管理群，并选派4名业务骨干对兄弟省份的普查工作进行考察学习，做好技术准备。

（2）摸清了陕西省资源基本情况。首先通过对历次普查工作进行全面梳理，如1956—1957年、1979—1983年2次全国性普查、川陕黔桂作物种质资源考察（1991—1995年）、西部抗逆种质专项调查（2011—2016年）等多次普查，目前全省已入库种质资源13 828份。其次是对各地农作物种质资源资料进行全面普查，全省45个项目实施县基本完成了1956年、1981年和2014年3个时间节点普查表的数据填报工作，为资源征集及保护利用奠定了坚实基础。

（3）上下联动合力推进。2018年4月下旬，农业农村部在西安举办"第三次全国农作物种质资源普查与收集行动"培训班，标志着陕西省资源普查与收集工作全面启动。

2018年6月中旬，陕西省种子站组织召开了普查工作推进会，座谈交流各地普查工作开展情况，强化思想认识，研究解决普查前期遇到的具体问题，如普查表填报、征集方法、问题解决等。

6月底农业农村部种子管理局来陕督导调研工作，对陕西省资源普查进展及取得的阶段性成果给予充分肯定，同时指出存在技术力量不足、普查进展不平衡等问题。陕西省立即进行针对性整改，进一步提高工作质量。

7月底，西北农林科技大学举行了系统调查启动和授旗仪式，成立4个调查队分赴4个县开展野外系统调查工作。

8月召开全省种质资源普查工作中期调度会，传达"全国农作物种质资源工作长沙调度会"精神，重点解决普查进展不平衡以及征集资源的亮点少、合格率低的问题，促进工作向纵深推进。

11月下旬，西北农林科技大学开展了秋冬季资源系统调查，4个调查队分赴4个县开展调查。

12月召开全省种质资源年度总结会，交流经验和归纳总结普查成果。

（4）督导措施得力。一是定期公示普查进度。从2018年6月开始平均每半个月公布一次各县任务完成情况，形成督导压力，确保全省各单位完成普查任务。二是不定期开展督导检查。2018年8月陕西省开展了为期一个月的普查督导调研，由陕西省种子管理站领导带队组成3个工作组，重点调查了解各地普查征集工作进展，推广先进经验，解决实际问题，保障全省各县统一进度。三是建立督查考核机制。发挥市级种子管理站桥梁作用，对其辖区内的普查单位进行业务指导和进度督促，陕西省种子管理站重点督导进度较慢的地区，强化督导效果。四是及时汇报资源普查情况。根据指示要求调整工作思路，改进工作方法，提高工作效率。

（5）重视技术培训。一是始终将培训作为会议的重要内容，在培训和总结中不断提高普查人员的技术水平；二是各级种子管理部门将培训作为普查工作的重要环节，分别开展培训，渭南及西安市还组织人员直接去中国农业科学院学习普查技术；三是充分发挥西北农林科技大学技术支撑优势，畅通与专家组人员的沟通渠道，使得普查人员可以点对点地询问普查中的实际问题，大大提高普查效率。

（6）大力开展宣传。各普查县采取多种形式对本次普查行动进行广泛宣传，对行动中发现的重要成果、感人事迹进行重点报道，营造了良好的工作氛围，通过政府网上公告、电视媒体宣传、乡村张贴通告、发放宣传彩页、悬挂横幅等方式尽可能做到人人知晓，提高民众资源保护意识。

3. 扎实推进种质资源工作再上新台阶

（1）推广先进经验。认真总结交流普查中好的经验和做法，研究解决普查中的普遍问题，凝练宝贵经验，为明年普查工作的顺利开展铺平道路。

（2）归纳整理资料。一是妥善保存省内征集和收集的各类作物种质资源，并进行繁殖、鉴定、评价，将鉴定结果和种质资源提交到国家种质库（圃）。二是做好普查表、征集表以及相关的图片、影视等资料的收集和档案整理工作。三是对具有重大利用前景的资源进行重点保护和研究，搞清楚分布状况、特征特性（如优质、抗病虫、抗逆等）和利用价值等。

（3）项目资金支持。市级种子管理部门在普查中发挥着组织协调、督促检查、技术指导等重要作用，按计划给予一定的配套支持，市级要协助完成部分县种质资源第二年的补充收集任务。

（4）加大宣传力度。以此次普查活动为契机，各级农业主管部门要深入宣传工作，广泛征集资源线索，将资源保护深入人心，提高民众资源保护意识。

供稿人：陕西省种子工作总站　刘五志、高源

（四）陕西省推进农作物种质资源普查与征集工作

按照《第三次全国农作物种质资源普查与收集行动2018年实施方案》要求，陕西省高度重视、精心组织、多措并举，全力推进种质资源普查与征集各项工作。

1. 领导高度重视，前期准备充足

一是强化机构保障。成立了普查行动领导小组，由陕西省农业农村厅副厅长任组长，领导小组办公室设在陕西省种子管理站，成立专家组，强化技术支持。陕西省种子管理站成立了种质资源管理科，配备相关工作人员和设备。二是强化经费保障。从2016年起在省级现代农作物种业项目中设立了种质资源普查配套项目，共安排配套资金440万元。三是组织学习考察，选派4名业务骨干到普查工作进行较好的重庆市学习，为陕西省工作的开展积累经验，做好技术准备。四是普查基础良好，全省已查明高等种子植物171科1 143属3 754种，其中包括国家Ⅰ级重点保护野生植物8种（如华山新麦草），Ⅱ级重点保护野生植物22种，本省特有92种，经过1956—1957年、1979—1983年2次全国性普查、川陕黔桂作物种质资源考察（1991—1995年）、西部抗逆种质专项调查（2011—2016年）等多次普查，目前已入库种质资源13 828份，相关研究成果已发表。

2. 各级积极响应，工作推进迅速

（1）强化组织领导。制定《陕西省农作物种质资源普查与收集行动实施方案》（陕农业办发〔2018〕49号），完善及变更陕西省种质资源普查与收集行动领导小组及专家组成员，各项目承担县分别印发普查实施方案，成立领导机构，为普查任务的顺利完成提供了坚实保障。

（2）准备工作落实到位。一是完成项目申报，通过省市双层审核的方式，完成了2018年本省45个县物种品种资源保护费项目申报书和任务委托书的编制工作；二是建立普查队伍，由各区县农业农村局牵头，组建由种子站人员为主的专业技术人员队伍，开展各区县境内农作物种质资源普查与征集工作；三是建立完善的种质资源管理群，可使任务快速下达、问题迅速解决、进度及时掌握。

（3）培训宣传富有成效，上下联动推进工作。全省种质资源培训会后，2018年6月19日陕西省种子管理站又组织召开了普查工作推进会，座谈交流各地普查工作开展情况，研究解决普查中遇到的问题，全面推进工作深入开展。各普查县开展动员培训，抽调专职人员近150人具体负责普查工作，通过查阅相关资料、走访群众、实地调查等方式，收集历史沿革、人口民族、经济状况、资源利用等普查资料，基本掌握农作物的种植历史、栽培制度、分布范围等信息，并进行了科学严谨的统计汇总。全省普查县按计划完成了普查表的数据填报工作，大多数县的普查数据已报送设在中国农业科学院作物科学研究所的资源普查办公室。

供稿人：陕西省种子管理站　高飞

（五）铁鞋踏破寻资源　喜上眉梢满载归

种质资源普查与收集工作开展以来，华阴市种子管理站高度重视，精心组织谋划，明确职责分工，形成工作合力，广泛宣传培训，不畏烈日酷暑，点面结合，突出重点，进村入户，上山进峪，扎实开展普查征集，确保工作顺利推进，超额完成征集任务。具有特色的工作方法、激励机制和实际成效，受到了各级领导的充分肯定，现就具体工作开展情况汇报如下。

1. 华阴基本情况和工作成绩

陕西省华阴市位于关中平原东部，陕晋豫三省结合地带，素有"三秦要道、八省通衢"之称，东起潼关，西邻华州，南依秦岭，北临渭水，辖4镇2街道，114个行政村，耕地面积30万亩（其中部队、农场10万亩），总人口26万人（其中农业人口18.08万人），是国家级风景名胜区西岳华山所在地。1990年12月经国务院批准撤县设市，1993年被陕西省政府命名为历史文化名城，1996年被国家科技部等28个部委联合命名为西北地区首家国家可持续发展综合实验区。郑西高速铁路、陇海铁路、西潼高速公路、310国道、老西潼公路横贯东西，南同蒲铁路、202省道、沿黄公路华阴段纵贯南北。华阴气候宜人，四季分明，年平均气温13.7℃，平均降水量596.5mm。土壤肥沃，矿产资源十分丰富。域内市级以上现代农业园区5个，面积5 240亩；日光温室280座，面积399.28亩；设施农业大棚508座，棚面积1 446.55亩；新型农业经营主体301家。

种质资源普查与收集工作开展以来，华阴市种子管理站先后完成了项目申报、方案制定、宣传培训、普查录入、资源征集等工作，基本上摸清了华阴市的农作物种植历史和种质资源家底，完成了1956年、1981年、2014年3个时间节点的种质资源普查表；实地定位种质资源100余个，完成征集96份，合格96份（其中入国家库21份），超额完成征集任务。

2. 具体做法

（1）领导重视、形成合力。省培训会暨种质资源普查与收集工作动员会召开后，华阴市种子管理站立即向农业主管部门主要领导汇报，即刻着手制定方案，最终以华阴市政府文件形式下发6个镇办17个部门（包含华管委、华旅集团）。成立了由市政府副市长担任组长的领导小组，领导小组办公室设在市农业农村局，办公室主任由农业农村局局长兼任，迅速确定了主要任务、进度安排、任务分工和工作措施。华阴市种子管理站克服人员、资金等诸多困难，提前购买必要仪器，见缝插针、合理安排普查调查，农业农村局领导多次听取专门汇报，督促进度。由于领导重视，任务分工时限要求明确，迅速在全市形成合力，为各项工作的开展奠定了良好的基础。

（2）加强学习、广泛宣传。先后积极参加省站组织的集中培训，利用夜校组织全体干部进行4次集中培训学习，从普查收集行动的重要意义、目标任务，普查内容、范围、方法、期限与进度、注意事项等方面进行了详细讲解，让工作人员熟悉业务，知道要干什么，怎么干。为提高普查收集宣传度和参与度，提高工作效率，先后印刷公告

300余份，宣传资料12 000余份，组织乡镇干部逐村张贴，在微信朋友圈、工作群发布公告与工作动态；组织农业、林业退休老干部、户外驴友召开座谈会，重点人员入户走访，广泛征求意见，搜集信息。华阴市种子管理站站长利用参加渭南广播电台《人物访谈》栏目的机会，宣传普查征集工作，预留个人电话。由于宣传到位，有农民群众自发送来资源实物，有群众打来电话，提供信息，有效提高了工作效率。

（3）突出重点、明确目标。普查是基础，征集才是重点。普查阶段，我们分3组（每组3人），分别负责3个时间节点调查填表，集中利用3d查阅资料，另用一天时间填表，率先完成普查工作。在后期修改完善中也能严格按照要求积极补充填表数据。征集工作中，我们结合华阴实际，本着先掌握信息后实地调查，先山外后山内的原则，分3组，重点对310国道以南沿山区、塬区、秦岭峪道、华阳山区进行逐户摸底调查，对重要发现由主要领导带队实地调查、定点，与省、国家专家及时联系，确定征集时间、方法，利用电话、微信等途径，多次与吉万全、杨勇、梁燕老师及国家种质资源库王琨老师取得联系。2018年9月初王琨老师亲自带队来华阴，在华阴市种子管理站业务人员的配合下采集资源21份。

（4）鼓励激励、掌握方法。为调动各方力量广泛深入开展种质资源普查工作。华阴市种子管理站研究制定五条具体鼓励激励办法：一是凡电话提供有价值种质资源信息的，经查实，每条信息送电话费用或赠送纪念品一份；二是对确定征集的作物品种，给予提供种子（植株）的单位或个人，按照该类种子或植株市场价的5~10倍进行收购；三是对主动提供并确定征集种质资源实物的单位或个人，在付费收购实物基础上，支付2~3d劳务补贴；四是对于临时聘请的调查向导，引导工作队到达征集点或协助完成采集种子（植株）的，每天支付劳务补贴；五是对于提供信息或实物，协助完成调查，经鉴定入库，特别是重大发现，受国家表彰的，给予奖励。

同时还总结了"查、访、看、采、送"五步工作法："查"，通过大量查阅统计年鉴、地方志、华阴农业资源调查和农业区划报告集、渭南国土资源等资料，查清作物古老地方品种和野生近缘植物的分布范围、主要特性以及农民认知等基本情况和重要信息；"访"，通过召开座谈会、入户走访等形式，重点对农业、林业退休老干部、老专家、拔尖人才、驴友等进行访谈，分组对沿山区、峪道、偏远村庄等重点区域群众逐户咨询，掌握重要信息资源，增强调查针对性；"看"，主要领导带队，对搜集筛选的重要信息，实地查看定点，摸清基本信息，填好征集表；"采"，联系有关专家，提供相关信息，确定最佳采集方案；"送"，与有关专家协调沟通后，需要采集的，规范操作，及时采集报送。

（5）对标产业、确保实效。为确保普查征集取得实效，从工作开始，我们就将目标提升到发现、培育华阴新型产业高度。华阴拥有生产优质杂果的历史，通过这次普查征集，发现了种植20~50年的菜豆、杂粮、南瓜等老品种，发现了有50多年种植历史的祝光苹果，特别是发现了王埝梅子（曾送中南海）、华阴黄梅（曾外贸出口）、华阴林檎（笨林檎、六月红）、野生猕猴桃等优质资源，发现了刺嫩芽（龙牙楤木）、龙培、白香椿等木本蔬菜。仅为了采得野生猕猴桃资源，我们先后8次进入华阴蒲峪。最初确定的点位，因秦岭北麓治理遭到破坏，多次找寻无果，无奈只能雇佣当地农民进入深山，最终如愿以偿，不但发现了黄色果肉野生猕猴桃，还意外收获红色果肉的。经过宣传推介，个别资源已引起了有关种植户和华阴市农业农村局的重视，对华阴市培育新兴特色产业具有很大的现实意义。

（6）设立专户，严格监管。按照要求，编制项目申报书、任务委托书、授权批量支付单，对项目实施内容进行合理设计及预算；具体实施过程中严格下乡补贴、劳务、车辆租赁、仪器采购等支出，规范操作程序。出台激励政策，做到专款专用。

供稿人：华阴市种子管理站　丁卫军

（六）踏遍青山觅瑰宝　喜得种质满库仓
——陕西省陇县种子管理站工作经验总结

农作物种质资源是保障国家安全、生物产业发展和生态文明建设的关键性战略资源。为落实"第三次全国农作物种质资源普查与收集行动"（以下简称行动）工作任务，丰富国内农作物种质资源的数量和多样性，确保陇县特有种质资源高质量入库，陇县种子管理站于2018年5月开展了全县境内传统农家种植品种、名优特品种、重要农作物的野生近缘植物及国家濒危农作物种质资源的普查与收集工作。在上级有关部门的积极支持和陇县种子管理站领导的高度重视、精心组织、亲自带领下，经过收集人员历时6个月的不懈努力，于11月中旬圆满完成工作任务，取得了丰硕成绩。现将此次行动的有关工作经验和成果总结如下。

1.统筹规划、创新思路、高效实施

参加全国性农作物种质资源普查与收集行动工作，对于陇县种子管理站工作人员来说是第一次。种质资源普查与收集工作涉及农作物种类多、区域广泛、技术内涵较深，尤其对于年轻的农技人员来说，真正要做好这项工作，难度很大。陇县地处陕甘边界，自然生态类型多，且以山地为主，交通条件比较落后。同时，陇县种子管理站工作人员少，工作条件较差，完成常规性工作都比较紧张，面对这样一个全新且任务艰巨的工作，压力很大。为了搞好这项工作，根据陇县实际，统筹规划、克服困难、创新思路，保证了这项工作高效开展。我们的主要创新性做法有以下几点。

（1）按自然生态特点合理划分片区并确定区域向导。在本次行动的前期，即普查阶段，为了更加快速高效地摸清陇县本地特有农家老品种、重要野生近缘植物及国家濒危农作物品种，将县域划分为川原区、南北山区、经纬度边缘区、海拔最高与海拔最低区五个区域，并为各区域聘请了一名熟悉当地情况的向导，让当地向导负责前期种质资源分布情况的初步调查，掌握基本情况。经过每位向导的悉心搜集调查、登记宣传，在后期收集过程中，我们可以迅速找到每个珍稀资源的位置。同时，当地向导也为我们工作人员与农户之间架起了一座沟通的桥梁，避免了一些工作中不必要的麻烦，显著提高了工作效率。正是这些向导，帮助我们找到了关山白玉米、关山大麻子、百年老桑、百年瓜梨、野韭菜、大红袍谷子、磨盘甜柿子、重苔柿子等宝贵的珍稀种质资源。

（2）把偏远山区作为种质资源收集的重点区域。陇县位于关山和渭北高原西部的千山之间，是一个地貌类型多样、地形破碎复杂的山区县。近年来，随着气候、自然环境、种植业结构和土地经营方式的变化，加上城镇化脚步的加快，导致大量地方品种迅速消失。在通过第一阶段的普查与收集行动后，结合收集过程中的经验，发现越偏远、越落后的山区村庄，各种地方品种越多，资源多样性越丰富。因此，在后期的行动中，工作偏重于对偏远山区村庄进行种质资源的普查与收集。正是在这些偏远山区的村庄，发现了大量的濒危农作物地方品种，经过抢救性收集，及时整理送样，避免了部分珍稀资源灭绝的厄运，为国家种质资源库的多样性提供了保障。例如，在距离城区较远的温水镇峰山村，收集到了'旱烟''兰花胡麻'等珍稀资源。

（3）在同一生态区打破行政区域限制进行抢救性收集。县域交界的地方往往比较偏远闭塞，但正是这些地方还保留着珍贵的种质资源。在此次行动中，为了抢救性地收集一些濒临灭绝的农作物种质资源，在一些特殊情况下，打破了行政区划的限制开展工作，使本地的一些种植年代久远已经消失的种质资源，在相邻村落（属于另外一个区县）得到采集，避免了这一资源的漏采。例如，在陇县八渡镇高楼村相邻的陈仓区某一村庄收集到了高楼村以前一直种植的珍稀品种'两头齐胡萝卜'。这充分体现了对于这项工作高度的责任心和必要的灵活性。

（4）邀请经验丰富的老农技人员积极参与。对于单位目前在岗的大多数工作人员来说，由于初次接触种质资源普查工作，经验欠缺，没有一定的感性认识，工作难度较大。为了高效开展工作，更加深入了解地方老品种，避免重复收集库里已有的种质资源，提高工作效率，特意邀请了参加过第二次全国农作物种质资源普查与收集行动的李建忠、马双成同志参与这项工作。在他们的指导下，工作人员很快掌握了种质资源普查与收集过程中的许多方法，避免了走弯路，提高了工作效率。同时他们也根据上一次积累的收集经验和自己多年的从业经历，发掘出了许多具有地方特色的老品种，同时指出了一些上次没有收集过的品种，明显加快了工作的进度，提高了工作质量。

（5）在农民群众中广泛吸纳收集爱好者参与工作。在此次行动的前期，为了调动农民的积极性，让他们了解到这次行动对国家的重要性，我们以张贴海报的形式到每个村庄进行宣传。通过前期的宣传，在收集资源的过程中，得到了很多农户的理解与支持，他们向我们提供了收集多年的宝贵资源。例如，东风镇南村的蒲玉民老人，在了解到我们一行人的目的之后，很高兴地提供了种植年代久远的小麦育成品种'关东107'、野生资源'野大豆'和老地方品种'爆花玉米''小乌豆''白荏子'等7个稀缺资源。他的做法不仅让这些珍贵的资源得以保存、延续，并且为国家种质资源的多样性做出了贡献。正是有了种质资源收集爱好者的大力支持和积极参与，此次行动才会进展得如此顺利。

（6）细心之中多收获，细微之处现资源。通过一段时间的工作，随着收集进程的不断延伸，我们深刻体会到：种质资源不是缺少，而是缺少发现的眼睛。在种质资源收集行动中，只要用心去工作，细心去发现，总会有意想不到的惊喜。回想这几个月的"追寻历程"，从偶尔瞥见农家石阶上倔强生长的'老葵花'（当地称为'铁杆老葵花'），再到突然发现茅草屋上逆风生长的'老洋麦'，以及从农户家里由一个资源的发现引出的其他各种珍贵资源等。这一切，都需要我们细心去发现，用心去收集。正是这种认真的态度、细心的精神、敏锐的视觉，才能发掘这么多宝贵的种质资源，使其成为农业科研的宝贵财富。

对于收集回来的样品，我们都会及时处理，以保证工作的准确性和种质资源的完好度。一是对征集回来的各类样品，及时进行编号、填表，并对收集到的农作物种子进行以发芽率为主的检测；对于失去活力的种质资源及时剔除，不进行报送，以提高上报资源的可靠性。二是及时整理、编号并采取保存措施。对于灌木、乔木类枝条样品，则及时用湿巾包裹，防止失水。在做好处理的基础上，我们会第一时间将样品送往西北农林科技大学，以便及时入库和更好地保存。三是及时请教有关专家，确保工作质量。在种质资源的普查、收集和保存过程中，我们对于稀有品种、特殊品种以及遇到的问题，会在第一时间和西北农林科技大学的专家进行沟通交流，以确定样品的重要性和对应的保存方法。这不仅促进了工作的顺利进行，而且对于濒危种质资源的认定和抢救性征集发挥了重要作用。

2. 种质资源收集过程中的经典事迹

栉风沐雨采佳禾，跋山涉水访远乡；功夫到处有惊喜，如获至宝永难忘。我们的农作物种质资源普查与收集工作，虽然条件有限，行程艰辛，但是，我们接触到的热情群众，我们发现的宝贵资源和那一处处独特的场景，一件件感人的事迹，给我们增添了工作的动力和乐趣，留下了深刻印象。

（1）石头缝里茁壮成长的向日葵。2018年10月12日早晨，陇县种子管理站各位参与种质资源收集的人员前往关山银科村。深秋时分，关山一眼望去在各种花草树木的点缀下金黄与蓝天交会，如同美丽的画卷。当大家还在为大自然的神奇感叹时，路边一农家石阶上生长的向日葵映入眼帘，其叶片硕大，茎秆粗壮，盘面大，在海拔2 052m的寒风中以挺拔的姿态展露着自己生命的内质。当他们走近一看，这株向日葵竟生长在石阶缝隙里，仿佛告诉人们天再高又怎样，踮起脚尖就更接近阳光。经过询问，原来这株向日葵是农户主人王定存（男，汉族，68岁）不小心掉在石缝里，自己生长出来的。当了解到我们一行人的目的之后，王定存很高兴地拿出了仅剩的半纸杯'铁秆老葵花'种子。经过整理入袋，定位填表，拍照，成功收集到了这种稀缺种质资源。最后在他的积极支持下，工作人员从他家里还收集到了深眼窝（白）、马莲红（红皮）马铃薯、关山老莜麦3个老品种；还在他的带领下在同村农户范海儿（男，汉，55岁）家里收集到了关山小豌豆，在张净善（男，汉，61岁）家里收集到了老胡豆。

（2）茅草屋上静静守候的老洋麦。2018年7月19日，陇县种子管理站各位参与种质资源收集的人员前往天成镇关山村。在关山村搜集稀缺地方老品种过程中，无意间在农户雷志锋（男，汉，59岁）院子的茅草屋顶上发现了顽强生长的麦类植物，他们迅速找来梯子，爬上茅草屋，经仔细观察，该植物为盖房所用茅草残留种子生长出来的，其长势顽强，植株挺拔，抗逆性强。后经询问，该植物为当地奇缺老品种'老洋麦'，具有植株高（普通小麦2倍）、耐瘠薄、抗寒、面粉劲道等特点。大家感叹道，曾见过大田里成片的小麦，亦曾见过实验室里被温柔以待的小麦，但茅草屋上的老洋麦，却展现了另一种生命的震撼，一种向上的魅力。后来，雷志锋表示这是当地种植了多年的地方品种，并积极地提供了一份宝贵的种子，收集人员马上进行了整理登记。正是有了一个个热爱农业、珍惜稀有品种的农户的积极参与，才让更多的资源被保护并得以延续下去。

（3）农民小屋里种子的天堂。2018年10月29日，陇县种子管理站种质资源普查与收集人员来到东风镇南村蒲玉民老人（男，汉，75岁）家里，院子里晾晒的是黑绿掺杂的豆子，询问得知，这里面黑色的豆子为当地常年种植的老品种'小乌豆'。大家找来了小凳子坐下从混杂的豆子里面拣出了'小乌豆'，并且整理拍照，登记收集。在和蒲玉民老人聊天过程中，得知国家收集珍贵种质资源的目的之后，蒲玉民老人很高兴地说，自己1994年开始种植从日本引进的小麦育成品种'关东107'，至今还在种植，并且提供了一份'关东107'的种子。当收集人员询问他为什么这么多年坚持种植这一品种时，他表示，一方面自己在20世纪六七十年代经历过挨饿，吃过很多杂粮，对于小麦有一种特殊的情感，哪怕再有钱，只有粮食真真切切地放在自己面前才能踏实；另一方面，也是因为他自己一直爱好农业工作，对育种及种质资源都很感兴趣，平时也喜欢看《中国种业》等期刊。在院子里聊完之后，他带收集人员去了自己的一个小屋子，满屋子大大小小的编织袋里装的都是各种种子，真是种子的天堂。收集人员在他的小屋子里，总共收集到了'爆花玉米''野大豆''白荏子''小粒荏子''小粒胡麻'5个品种。最后在收集人员离开时，蒲玉民老人表示，自己很高兴能将这些种质资源提供给国家保存起来，希望这些品种能够延续下去。收集人员看着老人恳切的神情，想着他对于收集工作的积极配合，让人肃然起敬。

（4）热情的向导让我们收获满满。为了更加深入地了解地方品种的存在情况以及提高工作效率，在东风镇麻家台村聘请了李军义同志（男，汉，50岁）作为我们的向导。10月29日收集人员前往麻家台村，经过一个多小时的路程，到达麻家台村委会大院，李军义同志已经在那里等候。首先带我们前往一棵百年老桑树，桑树粗约2人才能抱住，枝叶繁茂，当地人喜欢夏天在树下乘凉。村里年纪最大的老人说，这棵树从他们小时候一直就在这里，陪伴了他们一辈子，所以大家也很爱护它。收集人员用长剪刀小心地剪取了一些当年生的枝条，并用湿巾包裹起来，这是当天收集到的第一个样品。接下来，大家一起前往下一个样品目的地，由于目的地在半山腰，道路不好，且收集人员对道路情况不了解，李军义同志自己驾车带领收集人员去山上。一路颠簸，终于来到了一棵百年瓜梨树下，此时树叶已全落，树干粗糙，枝条发黑，是经历沧桑却又顽强生长的样貌。由于生存环境恶劣，当年生的枝条很少，经过仔细观察，采集到了仅有的几枝合适枝条，收集人员及时地收集包装。后面在李军义同志的带领下，相继又收集到了老红蜜桃、黄花菜、圆木枣、野枸杞、柘果、面梨、百年老杏、白花白桃、长木枣、凉粉豆、老四季豆、小黄糜共计12个珍稀品种。对比之前挨家挨户的询问，这次靠向导找寻，不仅深度发掘了当地的珍稀资源，并且大大提高了工作效率。

在陇县种子管理站领导的高度重视、精心组织和亲自带领下，在工作人员的辛勤努力下，以认真负责的态度，克服多种困难，采取了许多符合实际、行之有效的工作方法，经过5个多月的艰苦努力，共计收集到129份当地珍稀种质资源样品，圆满完成了农作物种质资源普查与收集工作任务。

| 翻山越岭收集资源 | 田间收集 | 跋山涉水收集资源 |

供稿人：陇县种子管理站　王志成

（七）寻得金种子　留与后来人
——镇安县大力开展农作物种质资源普查

镇安县高度重视资源普查工作，组织协调多个部门，抽调人手，集中力量开展农作物种质资源普查与收集行动，发现了不少优异资源，成果可喜。

1. 任务完成情况

（1）"普查表"填写工作。为摸清镇安县农作物种植资源基本情况，镇安县农业技术推广中心克服了时间跨度长、资料零散等现实困难，及时向县档案局、县统计局、县宗教局等部门发函请求业务对接，组织普查员利用15d时间，查阅了《镇安县志》《镇安年鉴》《镇安农业志》《镇安50年》《镇安县国民经济和社会发展统计公报》及其他重要的文件、文书等档案资料9大类500多份，并通过登门走访、实地调查等方式掌握了第一手基础资料，按时完成了1956年、1981年、2014年3个时间节点的普查表填写任务，为后续工作顺利开展奠定了坚实基础。

（2）品种普查征集工作。镇安地形复杂，山河相间，是个"九山半水半分田"的土石山区，生物资源较为丰富。镇安县克服山大沟深、交通不畅等不利因素，截至2018年11月上旬，共向上级部门报送粮食、果树、蔬菜、经济作物等四大类53个品种，其中合格品种50个，任务完成率200%，征集的对象和普查的范围基本做到县内全覆盖。

2. 主要做法

（1）夯实工作力量。种质资源普查涉及面广、专业性强、作业分散、工作环境艰苦，建立一支高素质的普查队伍是确保圆满完成普查任务的关键和基础。镇安县农业技术推广中心在搞好脱贫攻坚这一重大政治任务的同时，抽调12名专业技术人员组成两个普查组，由两名高级农艺师带队，以镇安县大安岭山系、朝阳山系、北阳山系等3个古老山系覆盖的村为重点区域，拉网式开展了种质资源普查与征集工作。

（2）提升普查水平。镇安县始终坚持把普查工作放在维护国家粮食安全，促进经济可持续发展，保障农业供给侧结构调整顺利实施的高度来抓，组织全体普查员多次开展业务技能培训交流会，普查期间共召开培训会5次，集中学习了普查与征集技术方案、农作物种质资源征集技术规程、农作物种质资源基本描述规范等内容，在普查中践行普查规程，利用交流会、碰头会、点评会等形式解决普查中遇到的难题，确保了普查工作高质量、高标准地完成。

（3）优化工作氛围。为提高工作效率，增强公众对普查工作的关注与支持，镇安县制定出台了《关于公开征集古老珍稀特有名优作物地方品种及野生近缘植物种质资源的通知》（镇农发〔2018〕89号）文件，对普查行动涉及的征集对象、征集途径及奖补办法等内容予以明确。同时，通过悬挂横幅、张贴普查通告、设立宣传展板等形式多角度开展普查宣传工作。普查期间，共悬挂横幅15条，张贴通告50张，制作展板16块，发放明白纸2 000多份。共收到群众上报的征集线索60余条、主动报送品种11个，极大地提高了普查工作效率。

（4）严把工作质量。调查的质量决定整个普查工作的质量。镇安县始终坚持质量优先的原则，牢牢把握"全面、真实、准确"的基本标准，力求普查对象"应查尽查"、调查记录实事求是、普查数据准确无误，杜绝了滥竽充数现象的发生，确保普查成果经得起历史检验。

（5）完善档案资料。调查结束后，镇安县农业技术推广中心及时组织调查人员对调查记录的资料和表格进行了分类整理和汇总。对征集到的每一份有效品种都详细填写了信息表，拍摄了影像资料，认真填写了询问笔录，最终形成了种质资源普查汇总表、种质资源名录和种质资源普查总结等成果资料。

供稿人：镇安县农业技术推广中心　吴常习

（八）第三次全国农作物种质资源调查与收集行动印象记之陕西凤县

凤县地处陕西省西南部的秦岭腹地，山多沟深，地形复杂，气候多样，常住人口只有不到11万人，越往大山深处人烟越发稀少，有的地方一户与一户之间相隔非常远，但水泥路就像蜘蛛网一样通到了每一户附近，我深深地体会到"要想富先修路"的含义，也切身感受到了我们国家日渐富强，不断完善的交通网络是党和政府拉近城乡距离、改善农民生活的重要举措，这一条条硬化的水泥路正是党和国家为农民开辟出的致富之路！

本次资源调查与收集行动共深入到了5个乡镇20多个村，调查期间，我不仅感叹老师们对资源敏锐的感知力与专业判断力，也深深被农村翻天覆地的变化所震撼。为了尽可能找寻到古老的或种植年代久远的农家品种，往往要到最偏远的农户家里去，老师们常常要走很长的一段山路，

调查队进入深山探寻种质资源

或涉水，或通过较为危险的独木桥或铁索桥，但为了那宝贵的种质资源，老师们不辞辛劳，克服困难，依然前往，当发现稀缺的或少见的种质资源那一刻，所有的辛劳和困倦立即被兴奋和激动所代替。老师们跋山涉水，顶风冒雨，为丰富国家种质资源尽心尽力、毫无怨言的精神令我钦佩。

在收集资源的过程中，当我们向村民们表明来意后，他们都非常理解和配合，积极主动地帮我们搜集资源，远至深山，近至房前屋后，带着我们跑来跑去，耐心地解答我们询问的每一个问题，同时老师们结合相关专业知识以及多年的研究经验，全方位地了解每一份种质资源的特性和用途，为今后种质资源的鉴定和利用提供参考依据。

在农户家进行种质资源调查与收集

此外，在调查期间，我们也接触到一些生活困难的农户，正如我们在马场村遇到的一位老大爷，他常年一个人生活，无儿无女，生活清贫，得益于政府的"五保户"政策，住上了政府出钱帮他盖好的新房子，使他的生活得到了基本保障，解决了他的后顾之忧。当他知道我们是在为国家收集种质资源的时候，非常热情，积极地配合我们，不仅为我们提供信息，而且还亲自带我们去寻找农作物资源，希望自己也能为国家和政府献出自己的一份力量。正是在村民们的热心帮助下，才让此次资源调查与收集行动圆满完成。

调查队与农户合影留念

通过这次资源调查与收集行动，征集到了许多以前从未见到过的稀有老品种，如各种洋芋（黄洋芋、红洋芋、乌洋芋、紫洋芋等）、各种南瓜（蓝瓜、红瓜、金瓜等）、各种豆子（鹊鹊豆、绿兰子、没筋豆等）、各种葱蒜（红葱、分葱、土白蒜等）以及诸多传统的老品种（如老黄瓜）等。

供稿人：西北农林科技大学农学院　张耀元

（九）第三次全国农作物种质资源调查与收集行动印象记之陕西留坝

种质资源多样性是生命延续和种族繁衍的保证，是农业原始创新的物质基础，是保障国家粮食安全的战略资源。一份资源就是一个希望。

2019年11月6日，我们调查队一行9人从西北农林科技大学出发，前往留坝县进行秋熟农作物及果树种质资源的调查与收集，为期5d的收集工作让我印象深刻。

进山寻找野生资源

大型种质资源发掘地——农贸市场。刚听说要去农贸市场的时候，我以为仅仅是要看一看当地的风土人情，可当看到老师们迈入农贸市场的状态，我知道我错了。这是另一个工作场所！老师们认真观察每一种农产品，仔细询问其来源、长势、口感等每一个细节，当听到农户说自己是从深山老林中采摘的猕猴桃，眼前的猕猴桃果又很大，大家心里乐开了花。于是，漫长的收集之路开始了。在当地农民的带领下，我们驱车半小时，在刚下过雨且没有道路的山坡上爬了两个小时。最终，我们找到了那棵长在深山老林中的大果型野生猕猴桃树。俗话说，"上山容易，下山难"，下山的时候，一不留神就会摔倒，但是为了发掘更多新种质，老师们仍然边走边搜寻，功夫不负有心人，我们在下山过程中又收集了2份野生大豆、2份花椒。

采集野生资源途中

玉米老品种'辽东白'被野猪采食未能留种收集，大家甚感遗憾，为了能找到类似的种质资源，大家还是不辞辛苦地继续走访。此时夜幕已经降临，当走进一家农户的院子，一位老奶奶闻声拄着拐杖从屋里走出来，告诉我们她家有这样的玉米，老奶奶说："今年一共没收了几个，结的少，准备留着爆玉米花的，在窗台上放着"。手电筒的光照到我们要找的'辽东白'的时候，我们乐开了怀。我们又抢救性收集到一份濒临灭绝的种质资源。

夜幕降临前的留坝县山村

此次收集行动，还采集到密生的核桃（核桃楸）、莲花座柿子、野生烟草、老梨树种质资源等。我们经常为了一份种质资源跑很远的山路，在老百姓看来那不过是一份普通的农家种，但在我们看来那是种业发展、新品种培育的一份又一份希望！

供稿人：西北农林科技大学农学院　王超

（十）第三次全国农作物种质资源调查与收集行动印象记之陕西淳化

2020年7月19日，由西北农林科技大学张恩慧教授带领的"第三次全国农作物种质资源调查与收集行动"陕西调查队第三队前往淳化县开展农作物种质资源调查与收集行动。

到达淳化县后，张恩慧老师带领我们与淳化县农业农村局、淳化县种子管理站相关领导进行了座谈交流，张老师介绍了我们此行的目的、任务及安排，淳化县领导介绍了县域、县情及主要农作物种植与分布等情况。工作前，张老师对我们工作的形式及人员分工进行了安排。通过进村走访村民的形式开始调查和收集种质资源：张恩慧和郝引川负责与村民交流，邓丰产、杜欣负责种质资源拍照，谢彦周负责用纱网袋收集种质，白金峰负责咨询种质信息和登记种质收集表。

第一天调查队来到淳化县秦河镇安子洼村，在淳化县种子管理站张晓利老师的引导下，我们来到一片树林里，发现这里有好多果树和野生资源，有野山楂、野山梨、野韭菜等，通过咨询，我们将这些野生品种的资料记载到调查表里，包括树龄、树高、果实直径等。

调查队与当地村民合影　　　　　　　队员们查看种质资源

　　在走访村民的过程中，有一位老爷爷给我留下了深刻的印象。老爷爷姓柯，76岁，居住简单，穿着朴素，知道我们的来意后，柯爷爷非常热情，他将自己保存的老种子都拿了出来，有黑豆、红豆、鸟蛋豆、农家豆等，还给我们讲他年轻时农业生产与农作物的情况，并且摘桃子给我们吃。

在柯爷爷家收集种质资源

供稿人：西北农林科技大学农学院　　白金峰

（十一）第三次全国农作物种质资源调查与收集行动印象记之陕西蓝田

　　2020年7月18日，由西北农林科技大学农学院张正茂教授任队长的"第三次全国农作物种质资源调查与收集行动"陕西调查队第二队，前往蓝田县开展种质资源系统调查与抢救性收集工作。蓝田县地处陕西秦岭北麓，关中平原东南部。蓝田县境内地形复杂，地貌各异，多山地河流，海拔高。当地主要种植豆类、玉米、油菜等，对野生资源特别是对野生猕猴桃进行了大力开发。

　　此次调查历时5d，先后前往灞源、葛牌、焦岱、九间房、辋川、玉山6镇及蓝桥乡，共调查走访了16个村，记录145份种质资源，采集97份资源样品，余下的48份为枝条材料，待冬季休眠期再行采集。在这145份资源材料中，果树49份、经济作物8份、粮食作物58份、绿肥牧草3份、蔬菜27份。主要种质资源为豆类和果树，豆类有红小豆、黑小豆、灰小豆、黑豆、绿豆、菜豆、大豆等，果树有野核桃、野樱桃、野猕猴桃、野李子等，其中核桃和猕猴桃资源较多，且多为老树。

蓝田县独有的地理气候孕育了许多独特的种质资源。第二天我们花费半天赴深山，趟溪水，淋着雨水，终于找到了当地的一种无毛野生猕猴桃（俗称软枣）。此类野生猕猴桃与普通培育的猕猴桃及其他野生猕猴桃大不一样，表皮无毛，肉红心，叶片枝条无毛，叶片呈阔卵形，叶柄呈红色，果可生食，味甜，具有很大的改良和推广价值，当地通过招商引资，对其进行了保护、开发，建立了软枣猕猴桃生产开发公司。

无毛野生猕猴桃（软枣猕猴桃） 　　　　调查队采集资源

当地的地方品种中，老笨洋芋（马铃薯）与其他马铃薯相比在形态大小及表皮颜色上无明显差别，但其支链淀粉含量比较高，当地人经常用来打糍粑，独具特色，此类马铃薯资源解锁了马铃薯产品的新吃法。

在当地野生品种中，有一种野油菜很独特，该油菜品种分蘖多，植株矮小，籽粒较小，可为油菜种质改良提供宝贵的基因资源。

供稿人：西北农林科技大学农学院　林益达

（十二）第三次全国农作物种质资源调查与收集行动印象记之陕西吴起

吴起县，隶属于陕西省延安市，位于延安市西北部，下辖8个镇1个街道办，91个行政村8个社区，总面积3 791.5km²，海拔1 233～1 809m，年平均气温7.8℃，年均降水量483.4mm。这里是革命传统教育基地，以石油工业为重要支柱产业，被誉为"西部经济发展强县"，同时也是全国退耕还林第一县。

在队长张恩慧教授的带领下，由西北农林科技大学农学院、园艺学院的专家及研究生共6人组成的"第三次全国农作物种质资源调查与收集行动"陕西调查队第三队与当地的基层干部进行座谈，深入农户家进行夏季农作物种质资源的调查与收集。此次行动为期6d，总里程近1 600km，走访了吴起镇、铁边城镇、白豹镇、长官庙镇、庙沟乡、五谷城乡共计6个乡镇9个村20余户，共收集农作物资源177份。其中粮食作物121份、蔬菜8份、经济作物21份、果树27份。此次收集到的红豌豆、玉米老品种辽东白和八行玉米、黑糜子、吴起楸子等稀有珍贵资源，在今后的研究和利用中具有很高的价值。此次种质资源普查与收集行动让我收获良多。

首先是感动于当地居民的淳朴民风。一些老农知晓调查队的来意时后，都非常慷慨地拿出自己的"宝贝"，也会十分热情地带着我们上山去寻找老果树。在他们当中，有带病赤脚为我们寻找老品种的80岁老人，有骑摩托车几十千米只为寻找一棵200多年核桃树的大叔……他们的慷慨、淳朴都让我们非常感动。

其次是深刻认识到党和国家脱贫攻坚工作的重大意义。收集资源让我有机会深入基层和农户，进一步了解他们的生活现状，让我更加清楚地了解到扶贫工作的重要性。随着国家脱贫攻坚有条不紊地进行，大部分贫困户和孤寡老人都渐渐地过上了好日子。

调查队与淳化县农业农村局、种子管理站座谈

最后是敬畏于科研工作者不畏艰辛、乘风破浪的精神。本次行动得益于队长的统一指挥和明确分工，队员们同心协作，在种子管理站和农技推广中心的全力支持下，全队上下抱着极力拯救濒危农作物物种的决心和信心，不畏酷暑，不惧疲劳，翻山越岭只为求得珍稀资源。在资源收集的工作面前，大家都在极力克服个人所面临的困难，队长张恩慧老师已经过了退休的年龄，但是他退而不休，依旧怀着对农业的热爱之心，凡事亲力亲为，让我们深受鼓舞；副队长邓丰产老师是果树专家，几年前的一次意外致头部受伤，后来治疗过程中进行过两次开颅手术，术后脚的灵活性受到了影响，但是他对果树的热情依旧不减，为了心中的这份"热爱"，依然东奔西走，乐此不疲。

邓丰产老师上树采集资源

此次行动的所见所闻让我们受益良多。今后，我们将以一名优秀科研工作者的标准严格要求自己，把种质资源收集工作做得更加出色，用我们的行动来为国家种质资源基因库的建设添砖加瓦。

供稿人：西北农林科技大学农学院　杜欣

（十三）第三次全国农作物种质资源调查与收集行动印象记之陕西旬邑

旬邑县隶属于陕西省咸阳市，位于子午岭山系南支的乔山南端，为东北向西南倾斜的长条形，长69km，平均宽25km，总面积1 811km²。地处关中平原的北界，陕北高原的南限，介于北纬34.95°~35.55°、东经108.13°~108.87°，海拔850~1 855m，属于暖温带大陆性季风气候，年平均气温9.2℃，农作物种植模式采用一年一熟单作制。

由杨勇教授带队的"第三次全国农作物种质资源调查与收集行动"陕西调查队第四队，深入旬邑县，在实地调查与收集过程中，调查队通过钻山入林、走村入户、沿路观察等形式，完成了对旬邑县马栏镇等5个乡镇16个村20余户的走访。其中，寻找到珍稀特有种质资源长穗老谷子1份，当地特有火烧玉米老品种5份。

在一周多的工作后，对本次活动总结如下：首先，开展工作前需要做好充足的前期准备，熟知本次活动的目的、意义，收集作物的范围及其保存方法等相关要求，做到心中有数，不打无准备之仗。在出发前需要了解目的县域的地形地貌、气候条件等基本情况，农业发展状况，主要农作物类型及其分布区域，初步确定将要收集的农作物种质资源的种类及地点，提前规划好路线，联系好当地村干部或群众，避免盲目行动，提高收集效率。其次，在活动中需要平衡好当地种子管理站工作人员的参与程度。种子管理站人员对于当地种质资源的类型及分布有比较深入的了解，与当地农民的沟通比较顺畅，适当地寻求他们的帮助有利于工作的顺利开展。但是由于其在专业水平、对本次工作的重视程度等方面有所欠缺，所以在实际工作中可能不够全面、细致，容易产生错漏。所以平衡好种子管理站工作人员与本组成员的关系，要根据各人的职位及特点，合理划分角色任务，是确保任务圆满完成的关键。

在本小组的工作过程中，我们到达目的县之前通过查阅相关资料，充分了解了当地主要农作物类型，初步确定了要收集的目标农作物。与种子站负责人讨论后，确定了收集路线，在种子管理站技术人员或者当地村干部的带领下，通过沿路观察、入户调查等形式收集当地特色农家种或野生农作物资源。本小组成员分工明确，种子站负责人做向导，负责提前调查定位当地特有珍稀种质资源，规划路线，同时担任专家与村民沟通的桥梁。小组内不同专业的老师分别负责果树、粮食、蔬菜、经济作物等不同类别种质资源的鉴别与分类，每到一个行政村，向导和专业老师兵分几路，同时入户收集，将疑似目标种质汇总后由所有专家统一鉴别分类，最后由小组内两名学生负责对收集到的种质资源进行登记、拍照等工作。这样合理分工，能保证工作高效有序进行，种质收集不重不漏。

能够参与这次全国性的种质资源调查与收集行动，我感到十分幸运，在活动中，我看到了不同地域的自然风光，不同的地理气候养育了不同类型的动植物，造就了不同的乡村风貌和饮食习惯，也看到了当今农村正逐步走向老龄化、空心化，许多老的种质资源将随着老一辈人的逝去、城镇化建设、集约化生产、新优品种的普及而消失，种质资源保护工作迫在眉睫。应该加大宣传科普力度，广泛征集，合理保存，高效开发利用农作物种质资源，进而有效保障我国粮食安全。

供稿人：西北农林科技大学农学院　张敏

（十四）第三次全国农作物种质资源调查与收集行动印象记之陕西子长

子长市地处陕北黄土高原峁梁丘陵沟壑区，在北纬37.5°和东经110°附近。全市东西长72km，南北宽55.7km，面积为2 398.07km²。该市地势西高东低，海拔930～1 560.3m，年平均气温9.7℃，平均降水量512.8mm，属北温带半干旱大陆季节性气候，主要种植玉米、马铃薯、大豆等粮食作物和山地苹果、桑、中药材、蔬菜等经济作物。

由杨勇教授带队的"第三次全国农作物种质资源调查与收集行动"陕西调查队第四队，通过进村入户、与乡镇村组基层干部座谈、走访农户等形式，开展了对子长市夏熟农作物种质资源的调查与收集工作。

在此次行动中，共收集到农作物种质资源105份，其中玉米、豆类、荞麦、高粱等粮食作物资源41份，老菠菜、老黄瓜、小葱、青菜等蔬菜资源26份，梨、桃、杏、桑、核桃等果树资源32份，经济作物资源6份。其中调查到约850余年的酸枣树1棵，百年杜梨树1棵，百年老核桃树1棵，这些珍稀古老种质资源，具有较高的研究和利用价值。

丰富的农作物资源有利于我国的农业发展、农村建设和农民增收，是解决三农问题的重要物质基础。但随着城乡一体化进程的飞速前进，各地珍稀农作物资源种类日渐消失。子长市近年来大力开发煤炭、石油资源，城镇化进程加快，约有一半人口居住在城镇，导致农作物种质资源丢失严重。同时，在收集过程中也发现当地农民对传统农作物品种种质资源的保护意识不强，村子里的年轻人均外出务工，而留守老人受到良种化影响而渐渐放弃传统品种的种植，收集和保护当地的农作物种质资源势在必行。

子长市纬度较高，但杏树、核桃树、枣树等果树均枝繁叶茂，果实累累。野生杜梨虽然果实小且口感酸涩，但杜梨抗逆性强，可作为砧木，应用价值极高。

调查队在百年老核桃树下与当地村民合影

供稿人：西北农林科技大学农学院　王斯文

（十五）陕西省合阳县积极开展农作物种质资源征集保护工作

合阳县种子技术推广服务站（本节简称种子站）按照陕西省工作部署，认真学习贯彻第三次全国农作物种质资源普查与征集行动会议精神，从普查与征集工作的重要性与必要性、工作内容、时间要求、经费来源、涉及单位、工作措施、工作难点等方面立即向合阳县农科局进行专题汇报，合阳县农科局把此项工作纳入当年全局农业重点工作进行安排推进。

1. 成立机构，制定方案

合阳县农科局成立了局长任组长、主管副局长任副组长，果业局长、畜牧局副局长、农技中心、种子站、各镇街负责人为成员的县级普查与征集工作领导小组，以合农科发〔2018〕129号文件下发至各镇街和相关部门单位，明确了任务职责分工。制定了《合阳县农作物种质资源普查与征集行动实施方案》，以合政办发〔2018〕85号文件下发至各镇街、县政府各有关工作部门，并要求各镇、街道成立相应普查工作小组，确定镇街、村联系负责人，把普查与征集工作落实到村组，有力配合全县种质资源普查工作开展。

2. 开展普查，召开座谈会

通过走访有关老农技员、老种子人，了解不同年代品种。通过联系县统计局、气象局、林业局、县志办、国土局、民政局、县档案局、水利局、教育局等有关部门，按时完成3个不同年代普查表上报。从农科系统抽调葡萄、苹果、粮食、畜牧、农技、种子、小杂粮、蔬菜、薯类、油菜、综合类专家16人，组建合阳县种子资源普查专家组，召开了全县种质资源征集信息座谈会，掌握了近40个种质资源征集的目录和分布区域，摸清了底子，明确了征集方向。

3. 张贴通告，扩大宣传

利用微信群、掌上合阳、编制通告等形式，扩大宣传。在12个镇街、353个行政村张贴通告，给全县100多家种子经营户下发了征集通知，及时报道工作动态。

4. 细化征集方案，确保征集质量

制定了征集工作细则和下乡征集工作方案，明确了专家和人员分工，对工作方法、工作纪律和安全事项提出具体要求。对征集工作按时间和地理位置进行划分，确定了以作物生长成熟为征集主线、先北部山区再平原再河沟的征集线路，明确了调查方向。由种子站站长牵头，副站长带队，依托专家技术力量，组成7人征集工作队，深入农村、集市，上山下乡寻找到了软红糜子、老丝瓜、十条线脆瓜、三白西瓜和抗旱性状突出的小黑豆、白马牙玉米等地方品种34份，野生品种14份，已征集邮寄27份，对野生及后期需征集品种进行了定位，待确认价值后征集。通过深入种植田实地查看，查资料佐证，对所有征集品种进行编号、拍照整理、填写征集表与调查表，确保工作质量。

专家辨认地方老品种　　　　　　合阳县种质资源普查与征集工作队

供稿人：陕西省合阳县种子技术推广服务站　　王聪武

（十六）渭南市华州区种质资源普查与征集工作取得明显成效

为贯彻落实《全国农作物种质资源保护与利用中长期发展规划（2015—2030年）》，陕西省于2018年开始启动"第三次全国农作物种质资源普查与征集行动"，渭南市华州区作为第一批实施任务的区县，紧密配合活动部署，通过查阅资料，制定方案，抽调人员，广泛宣传，深入农村、集市和田间，收集整理了多种农作物资源。本次普查征集累计报送西北农林科技大学样品资源74份，经鉴定合格种质资源69份，超额完成普查征集工作任务。

1. 主要工作措施

（1）高度重视，提高认识。农作物种质资源是保障国家粮食安全、生物产业发展和生态文明建设的关键性战略资源，工作任务下达后，华州区种子管理站立即向上级部门领导进行了专题汇报，主要从普查征集工作的重要性、历史社会意义及开展普查与征集工作的主要任务内容等方面，争取华州区农业农村局主管领导及华州区政府分管领导对此项工作的重视，为全区能够全面顺利开展普查征集夯实工作基础。

（2）加强组织领导，成立工作机构。从种子、果菜、畜牧、农技推广、植保等业务部门抽调业务骨干，组建普查征集工作领导小组，下设办公室和专家组，具体负责普查征集各项工作。组织人员成立野外调查征集工作队，采取走访农户、野外采集等方式，深入秦岭山区、渭河沿岸等地收集农作物地方品种及野生种质资源。

（3）制定工作方案，明确任务分工。制定了《渭南市华州区农作物种质资源普查与收集行动实施方案》，并以区农业农村局文件向全区10镇（街道办）及局下属各业务单位印发通知（渭华农字〔2018〕108号），明确全区开展普查征集工作的主要任务、进度安排、任务分工及工作措施。结合全区山、塬、川、滩等自然地理资源分布及各种作物生长情况，制定了普查征集工作台账计划，明确人员分工，细化工作任务职责。

（4）广泛宣传，争取各方支持。向全区社会各界，重点面向各镇、村印发张贴《关于公开征集古老名优农作物种质资源的通告》，扩大普查征集工作的社会知晓率和群众参与率，深入挖掘华州区地方老品种和野生种质资源。邀请全区种子及农技推广领域的老农技人员，组织各镇农技干部及老农民等，召开种质资源征集座谈会，汇集老品种的种植历史、分布情况、现存情况、利用价值等，为征集工作确定调查方向。

2. 工作成效

本次普查前华州区已入库资源总数目为59个。入库资源中粮食作物20份、果树14份、蔬菜1份、经济作物23份、其他类型作物1份。本次普查收集数量和种类上都有很大收获。一是数量上较普查前增加了69个，粮食作物农家种5份，果树农家种5份、野生种23份，蔬菜农家种26份、野生种1份，经济作物农家种8份、野生种1份，大大丰富了华州区种质资源数目；二是种质资源品种及种类上更加丰富，广泛挖掘华州区果树、蔬菜历史种植情况，征集到了大量的果树、蔬菜类地方老品种和野生资源，如华州老山药、赤水大葱、华州三红胡萝卜、华州杏李、野樱桃、野生猕猴桃、百年老楸子等一批优质抗逆的品种。

3. 工作体会

（1）地方特色古老种质资源普查收集工作刻不容缓。通过种质资源普查征集工作的开展，我们发现一些地方古老品种如花荞、洋麦等已灭失，尤其是近年来，由于新品种推广应用和更新换代、退耕还林、山区移民搬迁等原因，加之随着气候、自然环境、农业产业结构调整和土地经营方式变化等，大量地方品种迅速消失，许多种质资源未得到及时保护。作物野生近缘植物资源也急剧减少，如历史种植的水稻、华州九眼莲等地方优势品种已灭失，秦岭北麓的黑糜子农民已休种，只找到留存的约300g该品种籽粒。

（2）责任担当是关键。为保障项目任务圆满完成，华州区种子管理站积极担当，主动作为，统筹协调技术力量和基层调查队员下乡，广泛联系镇、村机构和当地群众查找有价值的种质资源信息，协调县志办、统计、财政及农业等相关部门给予配合。调查工作队工作中坚持高标准严要求，不畏酷暑和山路艰辛，经常放弃节假日，以步为尺，深入一线，走村入户，进山入峪，注重征集筛选有价值的地方品种资源和珍稀野生种质资源，同时挖掘各种资源的特性、种植历史和开发利用价值，建立完善的档案资料，确保圆满完成工作任务。

（3）重视种质资源保护利用工作。地方品种资源是经过自然进化和环境选择而形成的一种资源，在演化适应进程中保留了优良的遗传基因性状，对当地环境适应性极强，抗逆性突出，应加强对此类资源的保护和利用工作，可在已完成种质资源普查征集的工作基础上，从地方政府层面建立起长效机制，从法律法规和制度层面去规范和保护种质资源，特别是濒临灭绝的稀有种质资源、地域性强的种质资源，可在种质资源丰富的集中地设立种质资源保护点或保护区。加强对地方品种的提纯复壮及其利用价值的挖掘。要加强对地方老品种华州老山药、赤水大葱等地方名优品种的价值挖掘，抑制其种植面积逐年萎缩的趋势。

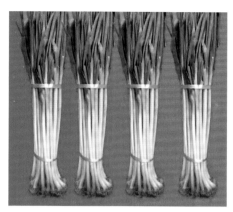

赤水大葱商品　　　　　　　　　　华州山药

供稿人：陕西省渭南市华州区种子管理站　王琤、詹满良

附录　第三次全国农作物种质资源普查与收集行动2018年实施方案

根据《第三次全国农作物种质资源普查与收集行动实施方案》（农办种〔2015〕26号）要求，2018年在继续做好湖北、湖南、广西、重庆、江苏、广东、浙江、福建、江西、海南10省（区、市）农作物种质资源系统调查、鉴定评价和编目入库（圃）保存的基础上，启动四川、陕西2省农作物种质资源普查与征集、系统调查与抢救性收集工作。

一、主要任务

（一）农作物种质资源普查与征集

对四川、陕西2省207个农业县（市、区）（附件1）的农作物种质资源进行全面普查。一是查清粮食、经济、蔬菜、果树、牧草等栽培作物古老地方品种的分布范围、主要特性以及农民认知等基本情况；二是列入国家重点保护名录的作物野生近缘植物的种类、地理分布、生态环境和濒危状况等重要信息；三是各类作物的种植历史、栽培制度、品种更替、社会经济和环境变化、种质资源的种类、分布、多样性及其消长状况等基本信息；四是分析当地气候、环境、人口、文化及社会经济发展对农作物种质资源变化的影响，揭示农作物种质资源的演变规律及其发展趋势。填写《第三次全国农作物种质资源普查与收集行动普查表》（附件2和附件3）。

征集古老、珍稀、特有、名优的作物地方品种和野生近缘植物种质资源5 180份。

（二）农作物种质资源系统调查与抢救性收集

对江苏、广东、浙江、福建、江西、海南、四川、陕西8省58个县（市）（附件4）进行各类农作物种质资源的系统调查。调查每类农作物种质资源的科、属、种、品种分布区域、生态环境、历史沿革、濒危状况、保护现状等信息，深入了解当地农民对其优良特性、栽培方式、利用价值、适应范围等方面的认知等基础信息。填写《第三次全国农作物种质资源普查与收集行动调查表》（附件5）。

抢救性收集各类作物的古老地方品种、种植年代久远的育成品种、国家重点保护的作物野生近缘植物以及其他珍稀、濒危野生植物种质资源5 800份。

（三）农作物种质资源鉴定评价与编目入库

在适宜生态区，对2016—2017年湖北、湖南、广西、重庆、江苏、广东、浙江、福建、江西、海南10省（区、市）征集和抢救性收集的种质资源进行繁殖，并开展基本生物学特征特性的鉴定评价，经过整理、整合并结合农民认知进行编目，入库（圃）妥善保存。

鉴定各类农作物种质资源3 500份，编目入库（圃）保存4 400份。

（四）农作物种质资源普查与收集数据库建设

对普查与征集、系统调查与抢救性收集、鉴定评价与编目等数据、信息进行系统整理，按照统一标准和规范建立全国农作物种质资源普查数据库和编目数据库，编写全国农作物种质资源普查报告、系统调查报告、种质资源目录、重要农作物种质资源图集等技术报告。

二、工作措施

（一）编写培训教材

中国农业科学院作物科学研究所系统总结前几年"行动"实施的经验和教训，根据新时代对作物种质资源的发展需求，组织制定或修订种质资源普查、系统调查和采集标准；进一步完善种质资源普查、系统调查和采集表格；修订培训教材。

（二）组建普查与收集专业队伍

四川、陕西2省种子管理站指导普查县（市）农业局，组建由相关专业管理和技术人员构成的普查工作组，开展农作物种质资源普查与征集工作。

四川、陕西2省的省级农科院组建由农作物种质资源、作物育种与栽培、植物分类学等专业人员构成的系统调查队，开展农作物种质资源系统调查与抢救性收集工作。

（三）开展技术培训

举办种质资源系统调查与抢救性收集培训班，并在四川、陕西2省分别举办种质资源普查与征集培训班；解读《全国农作物种质资源保护与利用中长期发展规划（2015—2030年）》和《第三次全国农作物种质资源普查与收集行动实施方案》，培训种质资源文献资料查阅、资源分类、信息采集、数据填报、样本征集、资源保存、鉴定评价等内容。

（四）组织考核与宣传

中国农业科学院作物科学研究所牵头组织做好种质资源的收集保存工作，对各省（区、市）及各有关单位任务完成情况进行跟踪指导和督查考核，并组织做好2018年"作物种质资源记者行"专题宣传活动。各省（区、市）和各有关单位要根据任务要求狠抓工作落实，配合和组织做好本省本单位的种质资源普查和收集行动宣传。湖南、湖北、重庆、广西等首批普查省份要着手做好验收总结准备工作。

三、进度安排

4月中旬至下旬：组织召开"第三次全国农作物种质资源普查与收集行动"2017年度工作总结会和2018年启动会,举办系统调查与抢救性收集培训班、农作物种质资源普查与征集培训班。

5月上旬至11月底：完成四川和陕西2省207个农业县（市、区）农作物种质资源的普查与征集工作，将普查数据录入数据库，将征集的种质资源送交本省农科院临时保存。

5月中旬至11月底：完成江苏、广东、浙江、福建、江西、海南、四川、陕西8省58个农业县（市、区）农作物种质资源系统调查与抢救性收集工作。

4月上旬至11月底：对2016—2017年湖北、湖南、广西、重庆、江苏、广东、浙江、福建、江西、海南10省（区、市）征集与收集的农作物种质资源进行田间繁殖、鉴定评价和编目入库（圃）保存等。

11月上旬至12月底：完善全国作物种质资源普查数据库和编目数据库，编写农作物种质资源普查报告、系统调查报告、种质资源目录和重要农作物种质资源图集等技术报告等，并进行年度工作总结。4个首批普查省份完成验收总结准备工作。

4月中旬至12月下旬：中国农业科学院作物科学研究所组织完成年度宣传工作，各省（区、市）和各有关单位积极配合并做好本省本单位的年度宣传工作。

附件：1. "第三次全国农作物种质资源普查与收集行动"2018年普查县清单
   2. "第三次全国农作物种质资源普查与收集行动"普查表
   3. "第三次全国农作物种质资源普查与收集行动"种质资源征集表
   4. "第三次全国农作物种质资源普查与收集行动"2018年系统调查县清单
   5. "第三次全国农作物种质资源普查与收集行动"调查表

附件1

"第三次全国农作物种质资源普查与收集行动"
2018年普查县清单

一、四川省（162个）

序号	县（市、区）	备注	序号	县（市、区）	备注
1	龙泉驿区		29	罗江县	
2	青白江区		30	广汉市	德阳市
3	新都区		31	什邡市	
4	温江区		32	绵竹市	
5	金堂县		33	游仙区	
6	双流区		34	三台县	
7	郫都区	成都市	35	盐亭县	
8	大邑县		36	安州区	绵阳市
9	蒲江县		37	梓潼县	
10	新津县		38	北川羌族自治县	
11	都江堰市		39	平武县	
12	彭州市		40	江油市	
13	邛崃市		41	昭化区	
14	崇州市		42	朝天区	
15	自流井区		43	旺苍县	
16	沿滩区	自贡市	44	青川县	广元市
17	荣县		45	剑阁县	
18	富顺县		46	苍溪县	
19	仁和区		47	安居区	
20	米易县	攀枝花市	48	蓬溪县	遂宁市
21	盐边县		49	射洪县	
22	纳溪区		50	大英县	
23	龙马潭区		51	东兴区	
24	泸县		52	威远县	内江市
25	合江县	泸州市	53	资中县	
26	叙永县		54	隆昌县	
27	古蔺县		55	沙湾区	乐山市
28	中江县	德阳市	56	五通桥区	

（续表）

序号	县（市、区）	备注	序号	县（市、区）	备注
57	金口河区		90	邻水县	广安市
58	犍为县		91	华蓥市	
59	井研县		92	达川区	
60	夹江县	乐山市	93	宣汉县	
61	沐川县		94	开江县	
62	峨边彝族自治县		95	大竹县	达州市
63	马边彝族自治县		96	渠县	
64	峨眉山市		97	万源市	
65	高坪区		98	雨城区	
66	嘉陵区		99	名山区	
67	南部县		100	荥经县	
68	营山县	南充市	101	汉源县	
69	蓬安县		102	石棉县	雅安市
70	仪陇县		103	天全县	
71	西充县		104	芦山县	
72	阆中市		105	宝兴县	
73	仁寿县		106	巴州区	
74	彭山区		107	恩阳区	
75	洪雅县	眉山市	108	通江县	巴中市
76	丹棱县		109	南江县	
77	青神县		110	平昌县	
78	南溪区		111	雁江区	
79	宜宾县		112	安岳县	
80	江安县		113	乐至县	资阳市
81	长宁县		114	简阳市	
82	高县	宜宾市	115	汶川县	
83	珙县		116	理县	
84	筠连县		117	茂县	
85	兴文县		118	松潘县	阿坝藏族羌族自治州
86	屏山县		119	九寨沟县	
87	前锋区		120	金川县	
88	岳池县	广安市	121	小金县	
89	武胜县		122	黑水县	

序号	县（市、区）	备注	序号	县（市、区）	备注
123	马尔康县	阿坝藏族羌族自治州	143	乡城县	甘孜藏族自治州
124	壤塘县		144	稻城县	
125	阿坝县		145	得荣县	
126	若尔盖县		146	西昌市	凉山彝族自治州
127	红原县		147	木里藏族自治县	
128	康定市	甘孜藏族自治州	148	盐源县	
129	泸定县		149	德昌县	
130	丹巴县		150	会理县	
131	九龙县		151	会东县	
132	雅江县		152	宁南县	
133	道孚县		153	普格县	
134	炉霍县		154	布拖县	
135	甘孜县		155	金阳县	
136	新龙县		156	昭觉县	
137	德格县		157	喜德县	
138	白玉县		158	冕宁县	
139	石渠县		159	越西县	
140	色达县		160	甘洛县	
141	理塘县		161	美姑县	
142	巴塘县		162	雷波县	

二、陕西省（45个）

序号	县（市、区）	备注	序号	县（市、区）	备注
1	金台区		24	西乡县	
2	凤翔县		25	勉县	
3	岐山县		26	宁强县	
4	扶风县		27	略阳县	汉中市
5	眉县	宝鸡市	28	镇巴县	
6	陇县		29	留坝县	
7	千阳县		30	佛坪县	
8	麟游县		31	汉阴县	
9	凤县		32	石泉县	
10	太白县		33	宁陕县	
11	华州区		34	紫阳县	
12	潼关县		35	岚皋县	安康市
13	大荔县		36	平利县	
14	合阳县		37	镇坪县	
15	澄城县	渭南市	38	旬阳县	
16	蒲城县		39	白河县	
17	白水县		40	洛南县	
18	富平县		41	丹凤县	
19	韩城市		42	商南县	商洛市
20	华阴市		43	山阳县	
21	南郑县		44	镇安县	
22	城固县	汉中市	45	柞水县	
23	洋县				

附件2

"第三次全国农作物种质资源普查与收集行动"普查表

（1956年、1981年、2014年）

填表人：_____ 日期：_____年___月___日　　联系电话：_____

一、基本情况

（一）县名：_____

（二）历史沿革（名称、地域、区划变化）：_____

（三）行政区划：县辖_____个乡（镇）_____个村，县城所在地_____

（四）地理系统：

县海拔范围_____~_____m，经度范围_____°~_____°，

纬度范围_____°~_____°，年均气温_____℃，年均降水量_____mm

（五）人口及民族状况：

总人口数_____万人，其中农业人口_____万人

少数民族数量_____个，其中人口总数排名前10的民族信息：

民族_____人口_____万人，民族_____人口_____万人

民族_____人口_____万人，民族_____人口_____万人

民族_____人口_____万人，民族_____人口_____万人

民族_____人口_____万人，民族_____人口_____万人

民族_____人口_____万人，民族_____人口_____万人

（六）土地状况：

县总面积_____km²，耕地面积_____万亩

草场面积_____万亩，林地面积_____万亩

湿地（含滩涂）面积_____万亩，水域面积_____万亩

（七）经济状况：

生产总值_____万元，工业总产值_____万元

农业总产值_____万元，粮食总产值_____万元

经济作物总产值_____万元，畜牧业总产值_____万元

水产总产值_____万元，人均收入_____元

（八）受教育情况：

高等教育___%，中等教育____%，初等教育____%，未受教育____%

（九）特有资源及利用情况：_____

_____

（十）当前农业生产存在的主要问题：_____

（十一）总体生态环境自我评价：□优　□良　□中　□差

（十二）总体生活状况（质量）自我评价：□优　□良　□中　□差

（十三）其他：_____

二、全县种植的粮食作物情况

作物种类	种植面积（亩）	地方品种					种植品种数目	培育品种					具有保健、药用、工艺品、宗教等特殊用途品种		
		数目	代表性品种				数目	代表性品种					名称	用途	单产（kg/亩）
			名称	面积（亩）	单产（kg/亩）			名称	面积（亩）	单产（kg/亩）					

注：表格不足请自行补足。

三、全县种植的油料、蔬菜、果树、茶、桑、棉麻等主要经济作物情况

作物种类	种植面积（亩）	种植品种数目								具有保健、药用、工艺品、宗教等特殊用途品种		
		地方或野生品种				培育品种				名称	用途	单产（kg/亩）
		数目	代表性品种			数目	代表性品种					
			名称	面积（亩）	单产（kg/亩）		名称	面积（亩）	单产（kg/亩）			

注：表格不足请自行补足。

附件3

"第三次全国农作物种质资源普查与收集行动"
种质资源征集表

注：*为必填项

样品编号*		日期*	年 月 日
普查单位*		填表人及电话*	
地点*	省 市 县	乡（镇）	村
经度	纬度	海拔	
作物名称		种质名称	
科 名		属名	
种 名		学名	
种质类型	□地方品种 □选育品种 □野生资源 □其他		
种质来源	□当地 □外地 □外国		
生长习性	□一年生 □多年生 □越年生	繁殖习性	□有性 □无性
播种期	（ ）月□上旬 □中旬 □下旬	收获期	（ ）月□上旬 □中旬 □下旬
主要特性	□高产 □优质 □抗病 □抗虫 □耐盐碱 □抗旱 □广适 □耐寒 □耐热 □耐涝 □耐贫瘠 □其他		
其他特性			
种质用途	□食用 □饲用 □保健药用 □加工原料 □其他		
利用部位	□种子（果实） □根 □茎 □叶 □花 □其他		
种质分布	□广 □窄 □少	种质群落 （野生）	□群生 □散生
生态类型	□农田 □森林 □草地 □荒漠 □湖泊 □湿地 □海湾		
气候带	□热带 □亚热带 □暖温带 □温带 □寒温带 □寒带		
地形	□平原 □山地 □丘陵 □盆地 □高原		
土壤类型	□盐碱土 □红壤 □黄壤 □棕壤 □褐土 □黑土 □黑钙土 □栗钙土 □漠土 □沼泽土 □高山土 □其他		
采集方式	□农户搜集 □田间采集 □野外采集 □市场购买 □其他		
采集部位	□种子 □植株 □种茎 □块根 □果实 □其他		
样品数量	（ ）粒（ ）克（ ）个/条/株		
样品照片			
是否采集 标本	□是 □否		
提供人	姓名： 性别： 民族： 年龄： 联系电话：		
备注			

填写说明

本表为征集资源时所填写的资源基本信息表，一份资源填写一张表格。

1. 样品编号：征集的资源编号。由P +县代码+3位顺序号组成，共10位，顺序号由001开始递增，如"P430124008"。

2. 日期：分别填写阿拉伯数字，如2011、10、1。

3. 普查单位：组织实地普查与征集单位的全称。

4. 填表人及电话：填表人全名和联系电话。

5. 地点：分别填写完整的省、市、县、乡（镇）和村的名字。

6. 经度、纬度：直接从GPS上读数，请用"度"格式，即ddd.dddddd（只填写数字，不要填写"度"字或是"°"符号），不要用dd度mm分ss秒格式和dd度mm.mmmm分格式。一定要在GPS显示已定位后再读数！

7. 海拔：直接从GPS上读数。

8. 作物名称：该作物种类的中文名称，如水稻、小麦等。

9. 种质名称：该份种质的中文名称。

10. 科名、属名、种名、学名：填写拉丁名和中文名。

11. 种质类型：单选，根据实际情况选择。

12. 生长习性：单选，根据实际情况选择。

13. 繁殖习性：单选，根据实际情况选择。

14. 播种期、收获期：括号内填写月份的阿拉伯数字，再选择上、中、下旬。

15. 主要特性：可多选，根据实际情况选择。

16. 其他特性：该资源的其他重要特性。

17. 种质用途：可多选，根据实际情况选择。

18. 种质分布、种质群落：单选，根据实际情况选择。

19. 生态类型：单选，根据实际情况选择。

20. 气候带：单选，根据实际情况选择。

21. 地形：单选，根据实际情况选择。

22. 土壤类型：单选，根据实际情况选择。

23. 采集方式：单选，根据实际情况选择。

24. 采集部位：可多选，根据实际情况选择。

25. 样品数量：按实际情况选择粒、克或个/条/份，填写阿拉伯数字。

26. 样品照片：样品的全写、典型特征和样品生境照片的文件名，采用"样品编号"-1、"样品编号"-2……的方式对照片文件进行命名，如"P430124008-1.jpg"。

27. 是否采集标本：单选，根据实际情况选择。

28. 提供人：样品提供人（如农户等）的个人信息。

29. 备注：如表格填写项不足以描述该资源的情况，或普查人员觉得必须要加以记载的其他信息，请在此作详细描述。

附件4

"第三次全国农作物种质资源普查与收集行动"

2018年系统调查县清单

序号	调查县（市、区）	所在地区	省份
1	仪征市	扬州市	
2	句容市	镇江市	
3	兴化市	泰州市	江苏省
4	泰兴市		
5	泗阳县	宿迁市	
6	阳山县	清远市	
7	英德市		
8	潮安区	潮州市	
9	饶平县		
10	揭西县	揭阳市	广东省
11	普宁市		
12	郁南县	云浮市	
13	罗定市		
14	苍南县	温州市	
15	瑞安市		
16	嘉善县	嘉兴市	
17	桐乡市		
18	长兴县	湖州市	浙江省
19	诸暨市	绍兴市	
20	武义县	金华市	
21	磐安县		
22	衢江区	衢州市	

（续表）

序号	调查县（市、区）	所在地区	省份
23	宁化县		
24	尤溪县	三明市	
25	建宁县		
26	安溪县	泉州市	
27	漳浦县		福建省
28	诏安县	漳州市	
29	南靖县		
30	武夷山市	南平市	
31	武平县	龙岩市	
32	屏南县	宁德市	
33	分宜县	新余市	
34	余江县	鹰潭市	
35	大余县		
36	定南县		
37	宁都县	赣州市	
38	兴国县		
39	寻乌县		江西省
40	瑞金市		
41	峡江县		
42	安福县	吉安市	
43	井冈山市		
44	上高县	宜春市	
45	铜鼓县		
46	三沙市	三沙市	
47	五指山市		
48	儋州市	省直辖县级行政区划	海南省
49	白沙黎族自治县		

（续表）

序号	调查县（市、区）	所在地区	省份
50	麟游县		
51	凤县	宝鸡市	陕西省
52	太白县		
53	潼关县	渭南市	
54	都江堰市	成都市	
55	彭州市		
56	米易县	攀枝花市	四川省
57	盐边县		
58	合江县	泸州市	

附件5

"第三次全国农作物种质资源普查与收集行动"调查表
——粮食、油料、蔬菜及其他一年生作物

□ 未收集的一般性资源　　□ 特有和特异资源

1. 样品编号：_____，日期：_____年____月____日
   采集地点：_____，样品类型：_____，
   采集者及联系方式：_____
2. 生物学：物种拉丁名：_____，作物名称：_____，品种名称：_____，
   俗名：_____，生长发育及繁殖习性：_____，其他：_____
3. 品种类别：□ 野生资源，□ 地方品种，□ 育成品种，□ 引进品种
4. 品种来源：□ 前人留下，□ 换　　种，□ 市场购买，□ 其他途径：_____
5. 该品种已种植了大约_____年，在当地大约有_____农户种植该品种，
   该品种在当地的种植面积大约有_____亩
6. 该品种的生长环境：GPS定位的海拔：____m，经度：____°，纬度：____°；
   土壤类型：_____；分布区域：_____；
   伴生、套种或周围种植的作物种类：_____
7. 种植该品种的原因：□自家食用，□市场出售，□饲料用，□药用，□观赏，
   □其他用途：_____
8. 该品种若具有高效（低投入，高产出）、保健、药用、工艺品、宗教等特殊
   用途：
   具体表现：_____
   具体利用方式与途径：_____
9. 该品种突出的特点（具体化）：
   优质：_____
   抗病：_____
   抗虫：_____
   抗寒：_____
   抗旱：_____
   耐贫瘠：_____
   产量：平均单产_____kg/亩，最高单产_____kg/亩
   其他：_____
10. 利用该品种的部位：□ 种子，□ 茎，□ 叶，□ 根，□ 其他：_____

11. 该品种株高_____cm，穗长_____cm，籽粒：□ 大，□ 中，□ 小；品质：□ 优，□ 中，□ 差

12. 该品种大概的播种期：_____，收获期：_____

13. 该品种栽种的前茬作物：_____，后茬作物：_____

14. 该品种栽培管理要求（病虫害防治、施肥、灌溉等）：_____

_____

15. 留种方法及种子保存方式：_____

16. 样品提供者：姓名：_____，性别：___，民族：_____，年龄：_____，
文化程度：_____，家庭人口：_____人，联系方式：_____

17. 照相：样品照片编号：_____

注：照片编号与样品编号一致，若有多张照片，用"样品编号"加"–"加序号，样品提供者、生境、伴生物种、土壤等照片的编号与样品编号一致。

18. 标本：标本编号：_____

注：在无特殊情况下，每份野生资源样品都必须制作1～2个相应材料的典型、完整的标本，标本编号与样品编号一致，若有多个标本，用"样品编号"加"–"加序号。

19. 取样：在无特殊情况下，地方品种、野生种每个样品（品种）都必须从田间不同区域生长的至少50个单株上各取1个果穗，分装保存，确保该品种的遗传多样性，并作为今后繁殖、入库和研究之用；栽培品种选取15个典型植株各取1个果穗混合保存。

20. 其他需要记载的重要情况：_____

"第三次全国农作物种质资源普查与收集行动"调查表
——果树、茶、桑及其他多年生作物

1. 样品编号：＿＿＿＿＿＿＿，日期：＿＿＿＿年＿＿月＿＿日
   采集地点：＿＿＿＿＿＿＿，样品类型：＿＿＿＿＿＿，
   采集者及联系方式：＿＿＿＿＿＿＿＿＿＿

2. 生物学：物种拉丁名：＿＿＿＿，作物名称：＿＿＿＿＿，品种名称：＿＿＿＿，
   俗名：＿＿＿＿＿，分布区域：＿＿＿＿＿，历史演变：＿＿＿＿＿，
   伴生物种：＿＿＿＿＿＿＿，生长发育及繁殖习性：＿＿＿＿＿，
   极端生物学特性：＿＿＿＿＿，其他：＿＿＿＿＿＿

3. 地理系统：GPS定位：海拔＿＿＿＿m，经度＿＿＿＿°，纬度：＿＿＿＿°；
   地形：＿＿＿＿＿；地貌：＿＿＿＿＿；年均气温：＿＿＿＿℃；
   年均降水量：＿＿＿＿mm；其他：＿＿＿＿＿＿＿

4. 生态系统：土壤类型：＿＿＿＿＿，植被类型：＿＿＿＿＿
   植被覆盖率：＿＿＿＿%，其他：＿＿＿＿＿＿

5. 品种类别：□ 地方品种，□ 育成品种，□ 引进品种，□ 野生资源

6. 品种来源：□ 前人留下，□ 换　　种，□ 市场购买，□ 其他途径：＿＿＿＿

7. 种植该品种的原因：□ 自家食用，□ 饲用，□ 市场销售，□ 药用，□ 其他；
   用途：＿＿＿＿＿＿＿＿＿＿

8. 品种特性：
   优质：＿＿＿＿＿＿＿＿＿＿
   抗病：＿＿＿＿＿＿＿＿＿＿
   抗虫：＿＿＿＿＿＿＿＿＿＿
   产量：＿＿＿＿＿＿＿＿＿＿
   其他：＿＿＿＿＿＿＿＿＿＿

9. 该品种的利用部位：□ 果实，□ 种子，□ 植株，□ 叶片，□ 根，□ 其他＿＿＿

10. 该品种具有的药用或其他用途：
    具体用途：＿＿＿＿＿＿＿＿＿＿
    利用方式与途径：＿＿＿＿＿＿＿＿＿＿

11. 该品种其他特殊用途和利用价值：□ 观赏，□ 砧木，□ 其他＿＿＿＿

12. 该品种的种植密度：＿＿＿＿＿＿＿，间种作物：＿＿＿＿＿

13. 该品种在当地的物候期：＿＿＿＿＿＿＿＿＿＿

14. 品种提供者种植该品种大约有＿＿＿＿年，现在种植的面积大约＿＿＿＿亩，当地
    大约有＿＿＿＿户农户种植该品种，种植面积大约有＿＿＿＿亩

15. 该品种大概的开花期：＿＿＿＿＿＿＿，成熟期：＿＿＿＿＿＿

16. 该品种栽种管理有什么特别的要求？

_____

17. 该品种株高：_____m，果实大小：_____mm，
    果实品质：□ 优，□ 中，□ 差

18. 品种提供者一年种植哪几种作物：_____

19. 其他：_____

20. 样品提供者：姓名：_____，性别：_____，民族：_____，
    年龄：_____，文化程度：_____，家庭人口：_____人，
    联系方式：_____

21. 照相：照片编号：_____

    注：照片编号与样品编号一致，若有多张照片，用"样品编号"加"-"加序号，
样品提供者、生境、伴生物种、土壤等照片的编号与样品编号一致。

22. 标本：标本编号_____